先进半导体产教融合丛书

电子元器件工程项目管理

王守国　编著

机械工业出版社

电子元器件工程包括半导体材料、半导体器件、电子设备、电路设计、器件设计等多种工程类别,是目前科技竞争、市场竞争、人才竞争最激烈的赛道。工程项目管理是用经济管理的理论指导工程项目在节约资源、保证质量、合理利用时间等多项控制目标内顺利完成项目的各种工作,通过项目验收。

本书以工程项目管理的基本原理、原则和方法为主线,以电子元器件工程项目为研究对象,通过大量的实例论述电子元器件工程项目管理的基本理论、组织、成本、进度、质量、风险、人力资源、沟通、创新等管理理念和专项管理方法,旨在帮助学习者在电子元器件专业从业过程中提高解决复杂工程问题的能力。

本书的特点是提供了大量的电子元器件工程项目的实例,对当下的一些热点研究内容(如车规级芯片、新型半导体器件、芯片国产化等项目管理成果)有较为详细的介绍,在写作过程中力争做到图文并茂,将电子元器件专业工程项目和经济管理学科的项目管理理论紧密结合,兼顾技术和管理。

本书可以作为高校电子工程类高年级本科生和研究生的教材,也可以作为企业或研究所从事电子元器件工程项目管理相关工作人员的参考用书。

图书在版编目(CIP)数据

电子元器件工程项目管理/王守国编著. -- 北京:机械工业出版社,2025. 2. --(先进半导体产教融合丛书). -- ISBN 978-7-111-77497-6

Ⅰ. TN6

中国国家版本馆 CIP 数据核字第 2025D0F080 号

机械工业出版社(北京市百万庄大街 22 号 邮政编码 100037)
策划编辑:卢 婷　　　　　责任编辑:卢 婷
责任校对:郑 婕 刘雅娜　封面设计:马精明
责任印制:常天培
北京机工印刷厂有限公司印刷
2025 年 4 月第 1 版第 1 次印刷
184mm×260mm・13.25 印张・319 千字
标准书号:ISBN 978-7-111-77497-6
定价:59.00 元

电话服务　　　　　　　　　网络服务
客服电话:010-88361066　　机 工 官 网:www.cmpbook.com
　　　　　010-88379833　　机 工 官 博:weibo.com/cmp1952
　　　　　010-68326294　　金 书 网:www.golden-book.com
封底无防伪标均为盗版　　机工教育服务网:www.cmpedu.com

前　言

电子元器件包括电子元件、半导体器件和连接类器件等三大类，现已成为机械、设备、航空、航天、消费电子等各个行业的基础产业，也是目前发展最快、应用最广、战略性最强、竞争最激烈的工程技术活动。

电子元器件工程项目在相关专业的高校、研究所和企业中非常普遍，包括电子器件级或系统级的研发、设计、试验等研究工作，也包括电子产品生产线的开发、组建、定型、升级等一次性的生产工作。与其他工程项目（如建设工程、软件工程）一样，电子元器件工程项目也具有一次性、独特性和一个完整的生命周期，但是在不确定性和复杂性上更加显著，尤其以集成电路（属于半导体器件的一种）为代表的工程项目，具有投入大、升级快、科技含量高的特点。

工程项目管理是工程学、经济学与管理学的交叉学科，主要研究内容是在成本、进度、质量等方面进行科学管理，使各专业工程项目能够顺利地、高效地、在资源限定内高质量地完成规划的目标。在学科发展过程中已经形成了各种有效的原理、原则或方法等管理理论，这些理论需要在项目实施过程中与不同的实际情况相结合，从而发挥作用。

由于科技的迅猛发展，电子元器件的相关专业是目前国内缺口最大、需求最迫切的专业，在专业人才的培养中，不仅要学会本专业的基本技能，还需要让学习者了解管理学的知识、经济学的理论，掌握解决复杂工程问题的能力。

在大众创业、万众创新的时代，电子元器件相关专业人士应责无旁贷地肩负创客的责任，为国家、社会争取电子元器件产业的突围、突破。

本书分为9章，其中，第1章是全书的统领与基础，讲解了项目、项目管理等基本概念，详细给出了管理学中项目管理的理论、方法和思想，并综述了电子元器件工程基本的生产工艺流程，为后面各个项目管理主题要素打下理论基础和专业工程基础；然后按照工程项目管理的不同主题要素依次展开，包括组织管理、成本管理、进度管理、质量管理、风险管理、人力资源和沟通管理、创新管理等内容，在每一个主题下面都有相应的实例分析，提高了实用性；第9章是全书的总括和实战运用，使用3个不同方向的综合案例，包括电子元器件工艺、研发和生产等项目，对全书专项管理知识进行总结式论述。具体章节内容如下：

第1章综述项目、项目管理、管理理论、电子元器件工程工艺流程。

第2章讲述组织管理，包括组织结构模式、案例分析。

第3章讲述成本管理，包括成本构成、成本计划、成本控制、案例分析。

第4章讲述进度管理，包括进度分析、进度计划、进度控制、案例分析。

第5章讲述质量管理，包括项目质量体系、质量控制、质量验收、案例分析等。

第6章讲述风险管理，包括风险的概念与管理流程、风险计划、风险控制、案例分析等。

第7章讲述人力资源及沟通管理，包括人力资源计划、领导者的工作方式、沟通管理、案例分析等。

第 8 章讲述创新管理，包括创新的组织驱动、创新的原则与原理、案例分析等。

第 9 章分别给出 3 个不同主题的实例，综合全书的内容。

本书讲述了多个电子元器件专业实例和基础知识点，包括压力传感器、车规级芯片、芯片常见封装、芯片合格率、MEMS 器件等，为学习者打下必要的专业知识。

本书可以作为高校电子工程类高年级本科生和研究生的教材，也可以作为企业或研究所从事电子元器件工程项目管理相关工作人员的参考用书。

由于作者水平有限，书中难免存在错漏和不妥之处，敬请读者批评指正。

王守国

2024 年 12 月

目 录

前言
第1章 管理理论与电子元器件制造工程项目 ·· 1
  1.1 项目管理概论 ··· 1
    1.1.1 项目的基本定义 ··· 1
    1.1.2 项目的特征属性 ··· 5
    1.1.3 项目管理的基本定义 ··· 8
    1.1.4 项目管理的目标维度与技术 ··· 10
    1.1.5 项目管理系统 ·· 14
  1.2 现代管理理论 ··· 15
    1.2.1 管理的内涵和意义 ··· 15
    1.2.2 管理的动力学 ·· 15
    1.2.3 系统原理 ·· 17
    1.2.4 人本原理 ·· 19
    1.2.5 效益与适度原理 ··· 20
  1.3 管理决策与项目目标 ·· 21
    1.3.1 决策的基本概念 ··· 21
    1.3.2 决策的种类与特点 ··· 23
    1.3.3 决策的基本程序及影响因素 ··· 24
    1.3.4 项目目标决策 ·· 25
  1.4 管理要素细化与项目计划 ·· 26
    1.4.1 计划的基本概念 ··· 26
    1.4.2 计划的类型 ··· 27
    1.4.3 计划的编制过程 ··· 28
  1.5 电子元器件工程项目的特点 ··· 29
    1.5.1 电子元器件工程项目概述 ·· 29
    1.5.2 半导体陶瓷电阻器制备项目的基本流程 ························· 30
    1.5.3 半导体芯片制备项目的基本流程 ·································· 33
    1.5.4 印制电路板制备项目的基本流程 ·································· 35
  习题 ··· 37
第2章 组织管理 ··· 38
  2.1 组织论概述 ·· 38
    2.1.1 组织论的组成 ·· 38
    2.1.2 组织结构的形成 ··· 41

  2.1.3 组织设计的任务 ··· 43
 2.2 组织结构模式 ··· 45
  2.2.1 组织设计的原则 ··· 45
  2.2.2 组织结构设计 ·· 47
 2.3 电子元器件工程项目的组织管理实例 ··· 53
  2.3.1 某电子设备大厂工程项目组织结构解析 ····································· 53
  2.3.2 某电子器件大厂组织结构解析 ·· 59
 习题 ·· 62

第3章 成本管理 ··· 63
 3.1 成本分析 ··· 63
  3.1.1 常用分析方法 ·· 63
  3.1.2 成本构成及考核 ··· 65
 3.2 成本计划 ··· 66
  3.2.1 成本管理的任务、程序和措施 ·· 66
  3.2.2 成本计划的编制 ··· 68
 3.3 成本控制 ··· 69
  3.3.1 成本核算 ·· 69
  3.3.2 成本控制的依据和程序 ··· 70
  3.3.3 成本控制的方法 ··· 71
 3.4 电子元器件工程项目的成本管理实例 ··· 74
  3.4.1 电子元器件制造企业的芯片成本分析 ·· 74
  3.4.2 某制造大厂的成本控制实例 ··· 78
 习题 ·· 83

第4章 进度管理 ··· 84
 4.1 进度分析 ··· 84
  4.1.1 进度计划系统 ·· 84
  4.1.2 进度目标的论证 ··· 86
 4.2 进度计划 ··· 87
  4.2.1 进度计划的编制 ··· 87
  4.2.2 进度计划调整的方法 ··· 93
 4.3 进度控制 ··· 94
  4.3.1 进度控制的目的与任务 ··· 94
  4.3.2 工程项目进度控制的措施 ·· 95
 4.4 电子元器件工程项目的进度管理实例 ··· 96
  4.4.1 某企业 MEMS 器件项目的进度计划和控制实例 ························· 96
  4.4.2 某企业 TOF 光电器件研发项目的进度计划和控制实例 ··············· 100
 习题 ··· 104

目 录

第 5 章 质量管理 ... 105
5.1 项目质量体系概述 ... 105
5.1.1 项目的质量计划 ... 105
5.1.2 质量风险分析 ... 107
5.2 质量控制 ... 108
5.2.1 质量控制体系的建立 ... 108
5.2.2 企业质量管理体系 ... 109
5.3 质量验收 ... 112
5.3.1 项目质量验收的层次 ... 112
5.3.2 施工质量不合格的处理 ... 113
5.3.3 数理统计方法在工程质量管理中的应用 ... 114
5.4 电子元器件工程项目的质量管理实例 ... 115
5.4.1 某研究所电子元器件国产化项目的质量管理实例 ... 116
5.4.2 某半导体公司真空系统项目的质量管理实例 ... 120
习题 ... 122

第 6 章 风险管理 ... 123
6.1 风险评估 ... 123
6.1.1 风险的基本概念与管理流程 ... 123
6.1.2 工程项目中的职业健康安全与环境管理 ... 126
6.1.3 工程项目的合同风险 ... 127
6.1.4 危险源的识别 ... 128
6.2 风险计划 ... 129
6.2.1 生产中的风险计划 ... 130
6.2.2 安全生产管理预警与计划 ... 130
6.3 风险控制 ... 131
6.3.1 工程安全事故控制和事故处理 ... 132
6.3.2 职业健康风险 ... 132
6.3.3 环境保护风险 ... 133
6.3.4 工程保险 ... 134
6.4 电子元器件工程项目的风险管理实例 ... 134
6.4.1 芯片开发项目的技术风险管理实例 ... 134
6.4.2 汽车芯片战略投资的供应链风险管理实例 ... 138
习题 ... 143

第 7 章 人力资源及沟通管理 ... 144
7.1 人力资源计划 ... 144
7.1.1 项目成员的素质 ... 144
7.1.2 人员管理计划 ... 147
7.2 项目领导者的要求 ... 150

  7.2.1 领导能力概述 ·········· 150
  7.2.2 领导者的工作方式 ·········· 152
 7.3 沟通管理 ·········· 154
  7.3.1 项目组织中的沟通 ·········· 154
  7.3.2 解决冲突和矛盾 ·········· 158
 7.4 电子元器件工程项目的人力资源及沟通管理实例 ·········· 159
  7.4.1 某芯片公司的招聘管理实例 ·········· 159
  7.4.2 某公司 CDP 项目的沟通管理实例 ·········· 164
 习题 ·········· 169

第 8 章 创新管理 ·········· 170

 8.1 创新与技术变革 ·········· 170
  8.1.1 技术变革的动力 ·········· 170
  8.1.2 产品生命周期和产品开发 ·········· 172
 8.2 创新的组织驱动 ·········· 174
  8.2.1 创新的类型 ·········· 175
  8.2.2 创新的过程 ·········· 176
 8.3 创新的原则与原理 ·········· 179
  8.3.1 创新的原则 ·········· 179
  8.3.2 创新的原理 ·········· 181
 8.4 创新管理的实例 ·········· 183
  8.4.1 某公司技术创新管理项目的实例 ·········· 183
  8.4.2 某公司产品技术创新管理问题及改进方案项目的实例 ·········· 186
 习题 ·········· 189

第 9 章 电子元器件制造工程项目管理实例 ·········· 190

 9.1 半导体器件制造工程管理实例 ·········· 190
  9.1.1 陶瓷插芯制造项目简介 ·········· 190
  9.1.2 实现过程的项目管理 ·········· 191
 9.2 集成电路工程产品开发实例 ·········· 194
  9.2.1 某公司新产品研发流程的创新研究项目简介 ·········· 194
  9.2.2 研发管理分析与改善措施 ·········· 196
 9.3 芯片大厂生产管理实例 ·········· 198
  9.3.1 某公司存储器生产线生产管理改进项目简介 ·········· 199
  9.3.2 生产线生产管理改进方案 ·········· 199
 习题 ·········· 203

参考文献 ·········· 204

第1章 管理理论与电子元器件制造工程项目

> 管理是由心智所驱使的唯一无处不在的人类活动。
>
> ——戴维·赫尔茨（David Hertz）
>
> 在人类历史上，还很少有什么事比管理的出现和发展更为迅猛，对人类具有更为重大和更为激烈的影响。
>
> ——彼得·德鲁克（Peter Drucker）

随着人类社会的发展，管理学在人类的各种活动中被广泛使用，其自身也演变发展成为一门严谨的科学，人们总结、提炼、获得了各种行之有效的原理方法，并随着科技的进步不断发展着。通过科学有效地管理可以帮助人们得到不同的绩效，节约成本支出，提高产品或服务的质量，优化项目执行时间，顺利完成项目目标，同时减少各种风险。

电子元器件工程是一项包括分立器件、集成电路、各种与电路相关的元器件等产品的研发、试制、生产等活动的综合工作，是人类技术最复杂、应用最广泛，同时又是需求最迫切、竞争最激烈的工程类型。在国际竞争、产业升级、创新创业等需求下，国内电子元器件工程不仅要在技术上继续保持投入、追赶和超越，在工程项目上同样需要提高管理水平，确保各种项目的专项管理运作的精细化、科学化和绩优化。

本章首先讲述项目的定义及其特点、项目管理的概念和内容，使学习者初步了解管理的概念；然后重点讲述现代管理学的基本理论、常用原理、管理决策、管理计划等内容，进一步揭示管理学的思想和方法；最后基于电子元器件工程项目的特点，给出了电子陶瓷器件、集成电路（IC）芯片、印制电路板（PCB）等项目的制备流程，使学习者充分认识电子元器件工程项目制造流程的复杂性和独特性，为后续进行相关项目管理工作打下基础。

1.1 项目管理概论

1.1.1 项目的基本定义

当早期人类进入聚落社会后，随着人口的增加，人类各种与生存有关的活动越来越频繁复杂，人们带有目的性（Purposiveness）、群体性（Dependency）和知识性（Knowledge）去开发各种事项，这些活动带有明显的管理学色彩，所以管理学的历史几乎和人类文明一样悠久。

中国作为四大文明古国中唯一一个文明没有中断的国家，散落在各地的名胜古迹，如长城、兵马俑、大雁塔等，至今依然诉说着我们先人的辉煌技术，这些叹为观止的工程项目仅仅依靠高超的技术水平难以完成，还要依赖与当时生产力所适应的管理学思想进行指引。在工程实践中，技术手段与管理方法密不可分。中国是最早从事工程管理的国家，其开创的古代管理理论卓有成效。

《周礼》记载了周代的"六官制度"，即天官冢宰、地官司徒、春官宗伯、夏官司马、秋官司寇、冬官司空等，这是古代国家管理的组织机构；《吕氏春秋》有"物勒工名，以考其诚"，即工匠把自己的名字刻在器物上，以方便后续的查验追责，这是早期产品的质量管理思想；嘉峪关魏晋墓出土的画像砖《驿使图》，生动刻画了距今1600多年前古人的邮驿活动，通过这种方式文书、信息在丝绸之路上传递沟通，可谓"一驿过一驿，驿骑如星流。平明发咸阳，暮及陇山头"，是最早的信息管理系统。

当今社会，管理活动已经无处不在，其渗透于工业、建筑、体育等各个领域，而管理学集成了数学、信息学、哲学等多领域的学科知识，并运用最先进的技术手段，成为一门重要的研究领域。

不同于古代的劳动密集和经验主义，现代人类的工程活动也日益复杂，可谓包罗万象。专业的工程活动有电子信息类、软件设计类、土木建筑类、城市规划类、机械自动化类、能源动力类、电力电气类、水利水电类、测绘勘察类、石油矿业类、交通运输类、海洋水产类、航空航天类等不同学科研究方向。

项目，来源于人类有组织活动的分化。随着人类社会的发展，人们的需求呈现出多样性，与各种产品有关的设计、研发、制造等工程项目的管理活动层出不穷，通过管理可达到对工程项目的最优化实现，满足各方面的需求与绩效。同时，随着社会的发展，工程项目逐步形成了严谨的定义。

1969年，美国成立了项目管理专门机构"项目管理协会"（Project Management Institute，PMI）。随着社会生产的发展，PMI制定了一系列项目管理的相关标准和相关职业规范，在人才培养方面，PMI可以提供出版、培训等有关的服务，在学科交流方面，PMI通过举办行业会议、全球各站设立分支机构和行业分会，以及与大学合作设立项目管理学科等手段，促进项目管理的推广。PMI推出了项目管理专业人士资格认证（Project Management Professional，PMP），提高项目管理从业者的就业水平和渠道。

PMI编制的《项目管理知识体系指南》（Project Management Body Of Knowledge，PMBOK）对项目管理术语、过程、技术等概念给出了标准的定义。

PMBOK中对项目（Project）的定义：项目是为完成某一独特的产品、成果或服务所做的一次性活动（A temporary endeavor undertaken to create a unique product, service, or result）。

总部位于瑞士的国际项目管理协会（International Project Management Association，IPMA）的国际项目管理专业资质标准（IPMA Competence Baseline，ICB）体系对项目的定义：项目是受时间和成本约束的、用以实现一系列既定的可交付物（达到项目目标的范围），同时满足质量标准和需求的一次性活动。

总部位于奥地利维也纳的联合国工业发展组织（United Nations Industrial Development Organization，UNIDO）的《工业项目评估手册》中对项目的定义：一个项目是对一项投资的一个提案，用来创建、扩建或发展某些工厂企业，以便在一定周期内增加货物的生产或社会的服务。

在项目的定义中，一次性是最重要的特性，因此，中国项目管理知识体系纲要（2002版）中对项目的定义：项目是创造独特产品、服务或其他成果的一次性工作任务。

从时间上的持续性来看，在工程的项目有关活动中，有组织的活动逐步分化为两种类型：一种是连续不断、周而复始的活动，人们称之为"运营"（Operations），企业的生产活动是运营，或者称为日常工作；另外一种是临时性、一次性的活动，人们称之为"项目"（Project），如企业的技术改造活动、一项环保工程的实施等。只有一次性的工程活动，才被称为项目，如建造帝王陵、都江堰水利工程等，这些都可以称为古代的工程项目。

从以上的论述中可以看出，工程项目并非是所有的工程活动，工程项目是具有资源性、时效性、目的性等明确特性的工程活动。

DIN（Deutsches Institut Normumg，德国工业标准）69901 认为，项目是指在总体上符合下列条件的唯一性任务：

1) 具有预定的目标。
2) 具有时间、财务、人力和其他限制条件。
3) 具有专门的组织。

国际知名项目管理专家、《国际项目管理杂志》主编 J. Rodney Turner 认为：项目是一种一次性的活动。它以一种新的方式将人力、财力和物资进行组织，完成有独特范围定义的工作，使工作结果符合特定的规格要求，同时满足时间和成本的约束条件。项目具有定量和定性的目标，实现项目目标就是能够实现有利的变化。

《质量管理　项目管理质量指南》（ISO 10006）定义项目为具有独特的过程，有开始和结束日期，由一系列相互协调和受控的活动组成。过程的实施是为了达到规定的目标，包括满足时间、费用和资源等约束条件。

项目就是为完成某一独特的产品或服务所做的临时性努力的计划、专案等，这种临时性是指项目有确定的开始日期和结束日期。独特意味着项目的最终结果不重复。

综上所述，项目的完整定义可以是这样的：项目是一项特殊的将被完成的有限任务；项目是一个组织为实现既定的目标，在一定的时间、人力和其他资源的约束条件下，所开展的满足一系列特定目标、有一定独特性的一次性活动。

为了更好理解项目的概念，可以将此定义解析为 3 层基本内容。

1. 时效范围

项目就是在有限的资源和要求的限制下完成既定目标的一次性任务，项目是一项有待完成的任务，有特定的目标要求。这一点明确了项目自身的动态概念，即项目是指一个过程，而不是指过程终结后形成的成果。例如，人们把一块手机上用的超大规模集成电路的设计过程称为一个项目，而不把其成果芯片本身称为一个项目。

项目是一件事情、一项独一无二的任务，也可以理解为是在一定的时间和一定的预算内所要达到的预期目的。项目侧重于过程，它是一个时间性概念。

［**实例1**］　2023 年，美光（Micron）在日本投资 5000 亿日元，在其日本工厂，设立引入 EUV（Extreme Ultra-Violet，EUV）光刻机项目，制造 DRAM 芯片，计划 2025 年投入量产（此项目的实效是两年）。同时，日本政府计划向美光提供 2000 亿日元的财政补助（扶植日

本内部的半导体产业）。美光在日本的工厂位于广岛，该公司将为日本引入首台 ASML EUV 光刻机，生产 1-gamma 先进制程芯片。此前美光已经于 2022 年在日本成功量产 1-beta 制程 DRAM 芯片，其计划全新的 EUV 光刻机启用后，于 2025 年在日本投入生产，用于制造 1-gamma DRAM 芯片。

2. 资源范围

在一定的组织机构内，利用有限资源（如人力、物力、财力等）在规定的时间内完成任务。任何项目的实施都会受到一定的条件约束，这些条件是来自多方面的，如环境、资源、理念等。这些约束条件成为项目管理者必须努力促其实现的项目管理的具体目标。在众多的约束条件中，质量（工作标准）、进度、费用是项目普遍存在的 3 个主要约束条件。

这里所说的资源包括时间资源、经费资源、人力资源和物质资源。其中，除了时间资源，其他资源都可以通过采购获得，因而表现为费用或成本。对于时间资源，可以将其称为进度，这样一来，也可以将项目定义为"在一定的进度和成本约束下，为实现既定的目标，并达到一定的质量所进行的一次性工作任务"。

[实例 2] 2023 年，印度政府通过了"扶持本土电子制造业发展的生产相关激励计划（PLI）2.0 总体方案"（项目也可以是一种计划），预算支出约 1700 亿卢比（约合 145 亿元人民币，项目的资源）。印度的电子制造业在过去 8 年中以 17% 的复合年均增长率持续增长，2023 年将突破产值千亿美元大关，成为世界第二大手机生产国，PLI 包括激励涵盖笔记本电脑、平板电脑、一体机、服务器和超小型设备，计划执行期限为 6 年，预计带动直接就业人员为 75000 人。有评论认为："针对 IT 硬件的 PLI Scheme 2.0 将帮助印度成为 IT 硬件制造中心，并增加该国的出口。这将鼓励印度国内企业制造更多的 IT 硬件产品，促进印度 IT 硬件生态系统的发展"。

3. 目标范围

具有既定的目标，项目的任务要满足一定性能、质量、数量、技术指标等目标要求。项目是否实现、能否交付用户，必须达到事先规定的目标要求。功能的实现、质量的可靠、数量的饱满、技术指标的稳定，是任何可交付项目必须满足的要求，项目合同对于这些均有严格的要求。

[实例 3] 2023 年 5 月，武汉市重大项目"智新半导体二期建设项目"开工，将新建一条车规级 IGBT 模块生产线，实现年产达到 120 万只汽车模块生产能力（项目的目标）。同时进一步升级相关工艺，具备 SiC 模块研发及生产能力，达到满足新能源汽车、新能源装备、工业变频等高端应用领域对 IGBT 产品的需求。

基于这些特点，美国著名的项目管理专家 James Lewis 博士认为项目是指一种一次性的复合任务，具有明确的开始时间、明确的结束时间、明确的规模与预算，通常还有一个临时性的工作团队。

由此可见，项目在现代人类活动中无处不在，安排一个电子元器件新产品的路演活动；开发或编制一种新设备技术的计划；主办一场芯片研究进展的年度会议；涉及和实施一种计算机系统的编程开发；进行电子元器件制造工厂生产线的智能化改造；策划一次新能源电池公司的几年发展纲要等，作为电子元器件的工程技术人员，经常可以遇到的这些活动，都可以称为项目。

1.1.2 项目的特征属性

从工程技术角度来说，项目不仅只是某一独特硬件产品，还可以是服务、活动等其他形式，项目很多种类，这类临时性的一次性努力，包括生产工厂的生产线的一次升级、代工厂为客户的一次特别的定制等活动。一般来说，在不同的项目中，项目的规模、复杂程度和性质、项目的内容可能会千差万别，约束条件（主要是限定资源、限定时间、限定质量）也许大相径庭，但是综合项目的定义，可以总结项目的共同属性，即项目本身所固有的特性，具体可以归纳为以下 9 个方面共同特征（了解项目的特征有利于项目成功和达到既定目标的要求，有利于作为实现组织战略计划的手段而实现。项目的属性是项目内在属性的综合反映）。

1. 一次性

一次性是项目与其他重复性运行或操作工作最大的区别是项目有从规划之初就明确的严格的时间界限，并具有开头和结尾。项目的其他属性也是从这个主要属性衍生出来的。

每个项目都会经历需求识别、提出解决方案、项目实施和项目结束这样一个过程，人们通常将这一过程称为"项目的生命周期"。为便于管理，人们将项目的生命周期划分为若干阶段，每个阶段都有一个或数个可交付成果的完成作为标志。其中，可交付成果是指某种有形的、可验证的工作成果。由于不同类型的项目的可交付成果一般都不相同，因此对项目的生命周期各阶段的具体划分也会有所不同。

本书综合多种观点，将项目的生命周期划分为启动阶段、规划阶段、实施阶段和收尾阶段，每个阶段都有明确的任务，如图 1.1 所示。

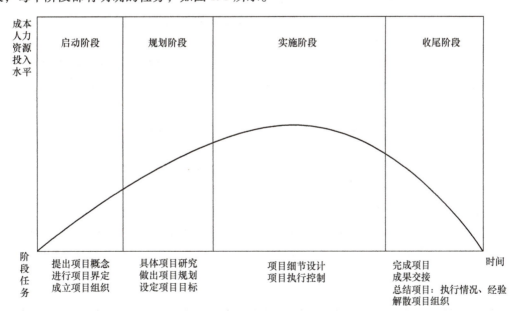

图 1.1　项目的生命周期

项目的生命周期的特性表现为在项目运行过程中，具有启动阶段较缓慢、规划阶段和实施阶段较快速、收尾阶段又较缓慢的规律。另外，在一般情况下，在项目的生命周期的不同阶段，其成本和人力资源的投入水平也是不同的。

2. 独特性

项目通常是为了追求一种新产物才组织项目，独特性是指每个项目都是独特的。或者其提供的产品或服务有自身的特点；或者提供的产品或服务与其他项目类似，但是时间和地点、内外部环境、自然和社会条件有别于其他项目，因此项目的过程总是独一无二的。

项目的独特性说明没有完全相同的两个项目，项目所涉及的某些内容或全部内容都是以前没有做过的，项目的独特性在电子元器件工程领域表现得尤为突出，厂商不仅向客户提供产品，更重要的是要根据客户的要求向其提供不同的解决方案。即使有现成的解决方案，厂商也要根据客户的要求进行一定的客户化工作，因此每个项目都有所不同。

3. 资源环境有限性

资源环境是指一个组织机构内的人力、财力、物力。可利用资源事先要有明确的预算，伴随消耗资源（如人力资源、设备资源）要具有资金限额。

[**实例4**] 极紫外光刻（EUV），采用波长为13.4nm的极紫外光作为光源的光刻技术，极紫外线是指通过电激发紫外线管的K极然后放射紫外线。美国联合欧洲的多家科研单位（人力资源），经过近10年的研发，使用了全球最顶级的零件（物力资源）（如光源采用美国的Cymer公司的产品、透镜使用德国的蔡司公司的产品），由荷兰光刻机制造商ASML于2010年生产完成并向台积电交付了首台EUV研发设备TWINSCAN NXE：3100系统。据报道，一台EUV重达180t，超过10万个零件，需要40个集装箱运输。

4. 目标明确性

可利用资源有一定限制，一经约定，完成既定的目标，通常不再改变。目标的明确性是指人类有组织的活动都有其目的性。项目作为一类特别设立的活动，也有其明确的目标。项目目标一般包含以下3个方面：

1）时间性目标：又称时间约束，即在规定的时间段内或在规定的时间点之前完成。

2）成果性目标：又称项目的来源，也是项目的最终目标。例如，提供某种规定的产品或服务。

3）约束性目标：又称限制条件，是实现成果性目标的客观条件和人为约束，是目标实施过程中必须遵循的条件，是项目管理的主要目标。

目标的明确性允许有一个变动的幅度，也就是可以调整。但是，当项目目标发生实质性变化时，它就不再是原来的项目了，而是产生了一个新的项目。

企业的运营活动没有明确的开始和结束时间，而是持续性反复产出同样的产品、服务或成果，资源专注于运营工作，运营过程一直持续，表1.1列出了项目与运营工作各自的特点和区别。项目的价值在于项目能满足利益相关者的需要，组织和个人的业绩及工作能力也是通过项目来展现的。

表1.1 项目与运营工作各自的特点和区别

项目	运营
明确的开始和结束时间	没有明确的开始和结束时间
临时性	持续性
产出独特的产品、服务或成果	反复产出同样的产品、服务或成果
资源专注于项目工作	资源专注于运营工作
有指定的标准来判断是否需要结束	运营过程一直持续

5. 活动的整体性

项目由多个部分组成，跨越多个组织，因此需要多方合作才能完成。活动的整体性是指项目中的一切活动都是相关联的，从而形成一个整体。强调活动的整体性，也就是强调项目的过程性和系统性。在计划项目时，要注意多余的活动是不必要的，但缺少某些活动必将影响项目目标的实现。

6. 组织的临时性和开放性

项目的构成人员来自不同专业的不同职能组织，项目结束后，原则上仍要回到原职能组织中。临时性是指每个项目都有一个明确的开始时间和结束时间。项目是一次性的活动，当项目目标实现时，就意味着项目结束。但是，也可能由于项目目标明显无法实现或项目需求已经不复存在而需要终止项目，此时便意味着项目结束。

[**实例5**] 2004年，中国正式开展月球探测工程，并命名为"嫦娥工程"。嫦娥工程分为无人月球探测、载人登月和建立月球基地等3个阶段。2007年10月24日18时05分，嫦娥一号成功发射升空，在圆满完成各项使命后，于2009年按预定计划受控撞月；2010年10月1日18时57分59秒，嫦娥二号顺利发射，也已圆满并超额完成各项既定任务。可见，项目的临时性并不意味着项目历时短，有些项目历时数年，但是，不管在何种情况下，项目历时总是有限的，项目不是一项持续的工作。

项目组织是为了实现一个项目而临时组建的组织机构。在项目的全过程中，项目组织的人数、成员和人员职责会不断发生变化。在项目组织中，参与项目的相关单位往往有很多个，它们通过协议或合同及其他社会关系聚集到一起，在项目的不同时间段、不同程度地介入项目活动。可以说，项目组织没有严格的边界，是临时性和开放性的。

7. 开发与实施的渐进明细性

渐进明细即逐渐细化，是指在项目进程中，随着信息越来越详细，估算结果越来越准确，需要持续改进和细化计划。渐进明细反映了项目整体特性。因为项目的产品或服务事先不可见，在项目前期只能粗略地进行项目定义，随着项目的进行才能逐渐完善和精确。这意味着在项目逐渐细化的过程中，一定会进行很多修改，产生很多变更。因此，在项目执行过程中，要注意对变更的控制，特别是要确保在细化过程中尽量不要改变工作范围，否则会对项目的进度和成本造成巨大影响。

项目的渐进明细性使很多项目可能不会在规定的时间内，按规定的预算，由规定的人员完成。这是因为项目计划在本质上是基于对未来的估计和假设进行的，在执行过程中与实际情况难免有所差异，甚至还会因各种风险和意外导致项目不能按计划进行。

8. 成果的不可挽回性

项目成果是项目所取得的结果，有的项目取得了新型器件，有的获得专利或论文，但是项目不同于其他工作可以试做，做坏了可以重来，项目有风险，在规定时间内可能一无所获。项目在一定条件下启动，有完整的生命周期、有任务指标、有评判标准，如果发生进度计划设计不合理、目标制定过高、质量不达标等原因，项目可能面临失败，丧失永远无法重新进行原项目的机会，这是由项目的一次性属性所决定的，所以项目的运作有较大的不确定性和风险。

[**实例6**] 航天飞机的一次发射就是工程项目，这种项目有完整的生命周期，以返回地

面作为项目的"竣工交付",即收尾阶段。2003年2月1日,美国东部时间上午9时,美国哥伦比亚号航天飞机在得克萨斯州北部上空解体坠毁,造成重大损失,事故的原因是U形隔热板脱落。

9. 认定的客观性

相对于主观自我认定,项目的产物及保全或扩展通常由项目参加者以外的人员来进行。电子元器件项目的验收,要符合各类标准,如ISO系列认证、IEC标准、中国的GB/T标准等。

[**实例7**] 2023年4月的某一天,埃隆·里夫·马斯克(Elon Reeve Musk)的SpaceX公司发射了人类历史上最大的无人超重型火箭"星舰"(Starship)。"星舰"从墨西哥湾沿岸的发射塔升入得克萨斯州南端的天空,在飞行约3min50s、高度接近20mile$^{\ominus}$时,火箭解体,发射失败。星舰的成本是30亿美元,总高度约120m,是一种完全可重复使用的运输系统,能够在起飞时产生约7500t的推力,将巨大的载荷运送到地球的轨道上,甚至更远的地方,如火星。

1.1.3 项目管理的基本定义

管理是人类各种组织活动中最普通、最重要的一种活动,通过计划、组织、人事、执行和控制等功能类别来支持一个正在运行的企业或项目高效运作。管理需要综合知识,涉及的学科领域包罗万象,包括财务管理和会计,购买和采购,销售和营销,合同和商业法律,制造和分配,后勤和供应链、战略计划、战术计划和运作计划,组织结构、组织行为、人事管理、薪资、福利和职业规划,健康和安全等专业门类。管理知识也是构建项目管理技能的基础。

项目管理是管理学的一个分支学科,指在项目活动中运用专门的知识、技能、工具和方法,使项目能够在一定的资源限定条件下,实现或超过设定的需求和期望的过程。项目管理是对一些成功地达成一系列目标相关的活动(如任务)的整体监测和管控。这包括策划、进度计划和维护组成项目的活动的进展。

根据PMI(项目管理协会)发布的PMBOK(《项目管理知识体系指南》)对项目管理(Project Management,PM)的定义是运用特定的知识、技能、工具和技术,通过有效地计划、组织、指挥、协调、控制和评审,来实现项目目标的一系列活动(The application of knowledge, skills, tools, and techniques to project activities to meet the project requirements)。

项目管理的过程和规划是要满足或超越项目的期望,是所开展的各种计划、组织、领导、控制等方面的活动。项目作为在限定的资源及限定的时间内需完成的一次性任务,具体可以是一项工程、服务、研究课题及活动等。项目管理是"管理科学与工程"学科的一个分支,是介于自然科学和社会科学之间的一门边缘学科。

项目参数包括项目范围、质量、成本、时间、资源。项目管理就是项目的管理者在有限的资源约束下,运用系统的观点、方法和理论,对项目涉及的全部工作进行有效地管理。也就是说,从项目的投资决策开始到项目结束的全过程进行计划、组织、指挥、协调、控制和评价,以实现项目目标的技术参考。

项目人力资源管理,是为了保证所有项目关系人的能力和积极性都得到最有效地发挥和

$\ominus$ mile 即英里,1mile = 1.609344km。

利用所做的一系列管理措施。它包括组织的规划、团队的建设、人员的选聘和班子建设等一系列工作。

项目管理是指把各种系统、方法和人员结合在一起，在规定的时间、预算和质量目标范围内完成项目的各项工作，即从项目的投资决策开始到项目结束的全过程进行计划、组织、指挥、协调、控制和评价，以实现项目的目标。在项目管理方法论上主要有阶段化管理、量化管理和优化管理共3个方面。

根据PMBOK中10项项目管理基本内容，项目管理的详细内容可以划分如下：

1）对项目进行前期调查、收集整理相关资料，制定初步的项目可行性研究报告，为决策层提供建议。协同配合制定和申报立项报告材料。

2）对项目进行分析和需求策划。

3）对项目的组成部分或模块进行完整系统设计。

4）制定项目目标及项目计划、项目进度表。

5）制定项目执行和控制的基本计划。

6）建立项目管理的信息系统。

7）项目进程控制，配合上级管理层对项目进行良好的控制。

8）跟踪和分析成本。

9）记录并向上级管理层传达项目信息。

10）管理项目中的问题、风险和变化。

11）项目团队建设。

12）各部门、各项目组之间的协调并组织项目培训工作。

13）项目及项目经理考核。

14）理解并贯彻企业长期和短期的方针与政策，用以指导企业所有项目的开展。

项目管理的主要内容可以简化为8个部分：范围管理、时间管理、费用管理、质量管理、人力资源管理、风险管理、沟通管理、采购与合同管理和综合管理，即"8大管理"。

在工作实施当中，把项目管理的内容划分为5大部分，即"5大模块"：项目范围管理、项目时间管理、项目成本管理、项目质量管理、项目人力资源管理。

项目管理的主要目标分为4部分，即"4满足"：满足项目的要求与期望、满足项目利益相关各方不同的要求与期望、满足项目已经识别的要求和期望、满足项目尚未识别的要求和期望。

从工作性质上看，管理还可以分解为"5项工作"，即包含领导（Leading）、组织（Organizing）、用人（Staffing）、计划（Planning）、控制（Controlling）。

项目管理必须有规定的时间、预算和质量范围控制，运用系统的方法对项目涉及的全部工作进行有效管理。好的项目管理，项目经理首先要对项目管理有一个全面的了解，包括项目管理的要素、周期、特征及优势。

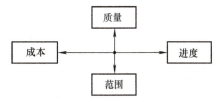

图1.2 项目管理的4个要素

项目管理具有"4个要素"，分别是范围、成本、进度和质量，如图1.2所示。项目经理需要控制项目范围和成本，保证项目进度和质量。同时项目管理分为不同的阶段，只有把每个阶段的工作全部做好，才能够将项目保质保量地完成。

1. 范围

项目范围是指为实现目标必须完成的工作，是通过项目可交付成果的标准来定义的，其指出了"完成哪些工作就能够实现项目目标"。如果项目范围不明确，那么项目就永远不可能完成；如果工作内容超出了项目范围，也会导致时间、资源的浪费。

项目范围的定义是为了实现项目的目标，对项目的工作内容进行控制的管理过程，其包括范围的界定、范围的规划、范围的调整等。

2. 成本

项目成本是指完成项目花费的所有资金，包括原材料成本、场地设备租用成本、人力资源成本等。项目的总成本应以预算为基础，实际成本应控制在预算范围内。

项目成本管理是为了保证完成项目的实际成本、费用不超过预算成本、费用的管理过程。它包括资源的配置，成本、费用的预算，以及费用的控制等。

3. 进度

项目进度不仅能够说明完成项目工作所需要的时间，也规定了项目中每项活动的具体开始时间和完成时间。只有保证项目中所有活动能够按时完成，项目目标才能够如期达成。

项目时间管理是为了确保项目最终按时完成的一系列管理过程。它包括具体活动界定、活动排序、时间估计、进度安排及时间控制等各项工作。很多人把 GTD（Getting Things Done）时间管理引入其中，大幅提高工作效率。

4. 质量

项目质量是指项目满足客户需求的程度，通过项目可交付成果的标准来定义。项目可交付成果的标准表明了项目可交付成果需要具备的各种特性及满足这些特性需要达到的要求，这些要求即为项目需要保证的质量。

项目质量管理是为了确保项目达到客户所规定的质量要求所实施的一系列管理过程。它包括质量规划、质量控制和质量保证等。

范围、成本、进度和质量是项目经理在进行项目管理时需要把握的 4 个关键要素。一个项目最理想的状况就是实现"多、快、好、省"，"多"指工作范围大，"快"指完成速度快，"好"指质量高，"省"指成本低。实际上，项目管理的 4 个要素是相互关联的，提高项目质量、保证项目进度等可能需要增加项目成本，因此"多、快、好、省"的理想状态是很难达到的。而项目经理的工作就是协调好这 4 个要素之间的关系。

1.1.4 项目管理的目标维度与技术

项目的目标就是满足项目各方的利益，项目的有关方就是项目干系人。在项目管理中，所谓项目干系人（Stakeholder）是指积极参与项目实施或者在项目完成后其利益可能受积极或消极影响的个人或组织，包括业主、项目管理者、有关居民等广泛群体。

项目管理工作的干系人管理，就是识别哪些个体和组织是项目干系人，确定其需求和期望，然后设法满足和影响这些需求、期望以确保项目成功。每个项目的主要涉及人员有：客户、用户、项目投资人、项目经理、项目组成员、高层管理人员、反对项目的人、施加影响者。项目干系人作为项目利害关系者,其利益受到项目的影响有积极或消极两种。所以,为保证项目的顺利推进实施,要进行项目干系人管理,识别能影响项目或受项目影响的全部人员、群体和组织,分析干系人对项目的期望和影响,制定适合的管理策略来有效调动干系人参与项目决策和执行。干系人管理还关注与干系人保持持续沟通,以便了解干系人的需要和期望,管理利益冲突,解决实际发生问题。应该把干系人满意度作为一个关键的项目目标进行管理,包含的项目管理过程如下:

1)识别干系人。识别能影响项目或受项目影响的全部人员、群体和组织,以及受项目决策、活动或结果影响的人、群体或组织,并分析记录他们的相关信息的过程。

2)规划干系人参与。基于对干系人需要、利益及对项目成功的潜在影响的分析,制定合适的管理策略,以有效调动干系人参与整个项目生命周期的过程。

3)管理干系人参与。在整个项目周期中,与干系人进行沟通和协作,以满足其需要与期望,解决实际出现的问题,并促进干系人合理参与项目活动的过程。

4)控制干系人参与。全面监督项目干系人之间的关系,调整策略和计划,以调动干系人参与的过程。

[实例8] 1955年,被誉为"晶体管之父"的肖克利(W. Shockley)博士离开贝尔实验室返回故乡圣克拉拉,创建肖克利半导体实验室,先后有八位青年参与他的这个项目:罗伯特·诺伊斯(N. Noyce)、戈登·摩尔(Gordon Moore)、布兰克(J. Blank)、克莱尔(E. Kliner)、赫尔尼(J. Hoerni)、拉斯特(J. Last)、罗伯茨(S. Roberts)和格里尼克(V. Grinich)等,八位天才就是一系列半导体初期项目的干系人,项目产生的专利有双扩散NPN型硅管、平面制造工艺、集成电路等。

每个项目都有干系人,他们受项目的积极或消极影响,或者能对项目施加积极或消极的影响。有些项目干系人对项目的影响有限,有些可能对项目及其结果有重大影响。项目经理正确识别并合理管理干系人的能力,能决定项目的成败。项目管理的目标就是通过协调好质量、任务、成本和进度等要素之间的冲突,以最小的代价,最大限度地满足干系人的需求和期望。

项目管理的目标包括满足项目的规定要求和期望要求。规定要求一般包括项目的实施范围、质量要求、利润或成本目标、时间目标及必须满足的法定要求等。期望要求往往会对开辟市场、争取支持和减少阻力等方面产生重要影响。为了高效完成项目任务,项目经理必须将项目管理的目标任务分解成若干具体的目标,如质量目标、成本目标和工期目标。项目管理的目标必须协调一致,不能互相矛盾。当项目的进度、成本和质量这3个要素发生冲突时,应当采取适当的措施进行权衡,进行优选。在一个项目中,如果任务、质量和进度这3个要素中某项是确定的,其他两项是可变的,那么可以控制不变项,对可变项采取措施,以保证项目达到预期的效果。

当项目完成既定的目标,并满足进度、成本和质量这3个要素,同时项目成果被客户接受,就可以认为项目是成功的。项目是否成功,可以从以下7个方面来考量:

1)是否在规定时间内完成项目。

2)项目成本是否在预算范围内。

3)产品的功能特性是否达到规格说明书中要求的水平。

4)项目是否通过客户的验收。

5）项目范围是否变化最小或是否是可控的。

6）是否有干扰或严重影响整个开发组织的主要工作流程。

7）是否改变了企业文化或改进了企业文化。

项目管理本身不是目标，项目成功才是项目实施的最终目标，也是项目干系人的期望。

项目管理是以项目经理负责制为基础的目标管理，是按任务组织起来的。项目管理的主要任务包括项目计划、项目组织、质量管理、费用控制和进度控制。日常的项目管理活动通常是围绕这 5 个基本任务开展的。

项目管理目前已经发展为三维管理，即从时间、知识和保障三个维度，运用系统工程的思想进行项目的全面管理。

1）时间维度：把项目的生命周期划分为若干阶段，进行分阶段管理。

2）知识维度：针对项目的生命周期的各个阶段，采用和研究不同的管理技术。

3）保障维度：对项目的人、财、物、技术和信息等的后勤管理保障。

项目管理知识体系见表 1.2。

表 1.2 项目管理知识体系

项目管理知识体系		项目管理五大过程组				
	知识领域	启动过程组	规划过程组	执行过程组	监控过程组	收尾过程组
九大知识领域	整体管理	制定项目章程	制定项目管理计划	指导和管理项目执行	监控项目工作 实施整体变更控制	结束项目或阶段
	范围管理	—	收集需求 范围定义 创建 WBS	—	核实范围 范围变更控制	—
	时间管理	—	活动定义 活动排序 估算活动资源 活动历时估计（进度管理） 计划编制	—	进度控制	—
	成本管理	—	成本估计 制定预算	—	成本控制	—
	质量管理	—	质量规划	实施质量保证	实施质量控制	—
	人力资源管理	—	制定人力资源计划	组建团队 团队建设 团队管理	—	—
	沟通管理	识别干系人	规划沟通	发布信息 管理干系人	绩效报告	—
	风险管理	—	规划风险管理 风险识别 定性风险分析 定量风险分析 风险应对	—	监控风险	—
	采购管理	—	规划采购 发包规划	询价 实施采购	管理采购	结束采购

（四十四个要素）

从项目管理的基本过程来看，有五大过程组，包括启动过程组、规划过程组、执行过程组、监控过程组和收尾过程组。

从项目管理的职能领域来看，有九大知识领域（也可称作职能），包括项目整体管理、项目范围管理、项目时间管理、项目成本管理、项目质量管理、项目人力资源管理、项目沟通管理、项目风险管理和项目采购管理。

1. 项目整体管理

项目整体管理在项目管理的知识领域中处于重要位置，其作用是协调项目所有各组成部分。它是各个过程的集成，是一个全局性、综合性的过程。项目整体管理的核心就是在多个互相冲突的目标和方案之间做出权衡，以满足项目利害关系者的要求。

2. 项目范围管理

项目范围管理实质上是对项目所要完成的工作范围进行管理和控制的一种过程和活动，确保项目不仅完成全部规定要做的工作，而且是仅完成规定要做的工作，最终成功达到项目的目的。如果项目范围不明确，将导致项目无法终止，因此，项目范围管理的基本内容就是定义和控制列入或未列入项目的事项。

3. 项目时间管理

项目时间管理是指保证按时完成项目、合理分配资源、发挥最佳工作效率。

4. 项目成本管理

项目成本管理是指为了保证在批准的预算范围内完成项目所需的全部工作。

5. 项目质量管理

项目质量管理是指为了保证项目能够满足原来设定的各种要求而开展的计划、实施、控制和改进活动。

6. 项目人力资源管理

项目人力资源管理是指为了保证有效发挥参与项目者的个体能力而实施的编制、项目团队组建等活动。

7. 项目沟通管理

项目沟通管理是保证项目信息及时、准确地提取、收集、传播、存储及最终进行处置的过程。项目沟通管理就是把人、思想和信息联系起来，这是项目成功的关键因素。沟通就是信息交流，良好的沟通对项目的发展和人际关系的改善都有很好的促进作用。

8. 项目风险管理

项目风险管理是指识别和分析项目中的不确定因素，并采取应对措施的活动。项目风险管理要把有利事件的结果尽量扩大，而把不利事件的后果降到最低。

9. 项目采购管理

项目采购管理是指对从项目组织外部获取产品或服务的过程进行管理。

从项目管理的知识要素来看，从制定项目章程开始到项目结束，有四十四个要素（知识点）。项目管理知识体系描述了项目管理所需的知识、技能和工具，包括对项目管理领域来说独特的知识和与其他管理领域交叉的部分，以及通过实践检验并得到广泛应用的通用方法和已经得到部分应用的、先进的创新方法。

电子元器件项目管理要充分了解项目环境，项目团队应该在充分了解项目的社会环境、人文环境和自然环境的背景下开展项目活动，社会环境需要项目团队认识并理解项目是如何影响人的，以及人是如何影响项目的，这就要求对项目所影响的人或对项目感兴趣的人的经济、数量、教育、伦理和其他特征有所了解；人文社会环境需要项目团队熟悉影响项目的一些适用的国际、国家和地区的法律法规；自然环境需要项目团队考虑如果项目实施，将会如何影响到自然环境，团队成员应该对影响项目或被项目所影响的当地生态环境和自然地理非常了解。

1.1.5　项目管理系统

1. 项目管理系统的概念

目前，国内外知名的项目管理系统有 PingCode、Asana、Trello、Wrike、Monday 等。这些项目管理是经过国外测评机构发布的项目管理系列榜单中用户评分较高的项目管理系统。

项目管理系统是指项目经理应用专门管理项目的系统软件，在有限的资源约束下，运用系统的观点、方法和理论，对项目涉及的全部工作进行有效管理。系统从项目的投资决策开始到项目结束的全过程进行计划、组织、指挥、协调、控和评价，以实现项目目标。

项目管理系统把企业管理中的财务控制管理、人才资源理、风险控制管理、质量管理、信息技术管理和采购管理等进行有效整合，以达到高效、高质、低成本地完成项目各项任务的目的。

2. 项目管理系统的功能特征

项目管理系统是由一整套过程及有关的管理职能组成的有机整体，通常，项目管理系统的功能如下：记录、统计与分析功能；日程表功能；电子邮件发送；图形功能；导入/导出功能；跟踪功能；处理多个项目及子项目功能、进度安排功能、制作报表功能、资源管理功能、计划功能、进度安排功能、保密功能、排序及筛选功能、假设分析功能等。

通常情况下，项目管理系统中的项目会有几千个相关任务，项目管理系统可以创建工作分解结构（Work Breakdown Structure，WBS），协助开展计划工作项目管理系统具有导入/导出功能，管理系统可以把信息导出到其他应用程序中。

项目管理的跟踪功能作为一项基本工作，是对工作进程、实际费用和实际资源耗用进行跟踪管理。项目管理系统支持用户确定一个基准计划，并就实际进程及成本与基准计划里的相应部分进行跟踪比较。项目管理系统能跟踪许多活动，如进行中的或已完成的任务、相关的费用、所用的时间、起止日期、实际投入或花费的资金、耗用的资源，以及剩余的工期、资源和费用等。

项目管理系统提供了处理多个项目及子项目功能。多个项目并行管理功能的应用是一位经验丰富的项目经理同时管理好几个项目，而且项目团队成员同时为多个项目工作，在多个项目中分派工作时间。项目管理系统可以将多个项目储存在不同文件中，这些文件相互连接。子项目管理功能的应用场景是有些项目规模很大，需要分成较小任务集合或子项目。项目管理系统可以在同一个文件中储存多个项目，同时处理几百个甚至几千个项目，并绘制出甘特图和网络图。

制作报表功能是项目管理系统的基本功能，项目管理系统可以提供的报表有：项目全面汇报报表、项目里程碑报表、项目某个时间段的各种信息报表、项目财务报表、成本/进度控制系统准则报表、项目资源配置报表等。

项目经理利用项目管理系统可以界定需要进行的活动。项目管理软件不仅能维护资源清单，而且能维护一个活动或一份任务清单。用户对每项任务设定一个标题、开始日期与结束日期、总结评价，以及预计工期，包括按各种计时标准的最短、最可能及最长估计，明确与其他任务的先后顺序关系及负责人。

1.2 现代管理理论

1.2.1 管理的内涵和意义

1. 管理的需求

相较于其他学科，如数学、物理学、文学等，管理学是一门年轻的学科，但发展特别迅速、对人类社会的影响空前巨大。可以毫不夸张地说，人类社会的任何伟大进步都包含着管理学所做出的重要贡献。

专业化的社会分工是现代国家和现代企业建立的基础，高效的管理能够把不同行业、不同专业、不同分工的人员组织在一起协调工作，使科学技术真正转化为生产力，管理表现了协调、调动和计算的功能。团体或个人都有自己的预期目标，管理把每个成员千差万别的局部目标引向组织的目标，把无数分力组成一个方向一致的合力。

通过管理能够合理配置有限的资源、有效利用科学技术、协调各种关系、将局部目标引向整体目标，管理质量的提高是工作、服务、生活质量提高的前提。当下，以数字技术为基础，信息技术、互联网等在各行各业得到了空前迅速的应用和普及。工作质量、服务质量和生活质量的提高，都在一定程度上依赖于管理水平的提高。

2. 基本定义

美国管理学家斯蒂芬·罗宾斯（Stephen Robbins）是管理学、组织行为学的权威，其所著的《管理学》对管理者（Manager）和管理（Management）的定义为：管理者是这样的人，他们通过协调和监管他人的活动以达到组织目标；管理是为了实现组织的共同目标，在特定的时空中，对组织成员在目标活动中的行为进行协调的过程。

实现组织目标是评价管理成败的标准，管理的必要条件是特定的时空，而管理的核心是人的行为，管理的本质就是协调。

管理的核心是人的行为，组织目标必须分解为许多具体工作，通过相关人员的实际行为去实现，要协调好人的行为，管理者首先必须加强自我管理，约束自己的行为，管理者的管理行为做到公平、正义、专业，才能有效协调他人的行为。管理者要用一系列科学的理念和方法，使他人的行为充分发挥积极性和新精神，为实现组织的目标协调一致，共同奋斗。

1.2.2 管理的动力学

1. 需要层次理论

美国人亚布拉罕·马斯洛（Abraham Maslow，简称马斯洛）的需要层次理论有两个基本论点：一是人的需要取决于他已经得到的和还没有得到的，只有未满足的需要能够影响行为，反过来理解，已得到满足的需要不能起激励作用；二是人的需要都有轻重层次，只有某一层需要得到满足后，另一个需要才出现。马斯洛将需要分为五级：生理的需要、安全的需要、感情归属的需要、受人尊重的需要、自我实现的需要。马斯洛的需要层次理论如图1.3所示。

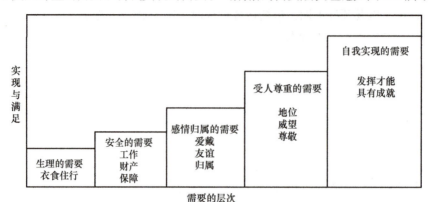

图1.3　马斯洛的需要层次理论

在马斯洛需要的层次中，生理的需要是人体生理上的主要需要，即衣、食、住、行、医疗等生存的基本条件；随着生理需要得到满足，继而就会产生高一层的需要，即安全的需要，有工作、财产、安全的保障等；感情归属的需要包括友谊、爱戴、归属感等各方面；受人尊重的需要包括具有地位、威望和受别人尊敬；自我实现的需要是最高一级的需要，马斯洛认为人具有希望越变越完美的欲望，人要实现他所能实现的一切欲望。

虽然马斯洛的需要层次理论在发表后为不少人所接受，并在实际中得到应用，但对它的层次排列是否符合客观实际还有许多争议，有人认为这一理论对人的动机没有完整的看法，没有提出激励的方法，没有考虑到不同的人对相同的需要的反应有时是不相同的。此外，这一理论也没注意到工作和工作环境的关系。

2. 双因素理论

双因素理论是一种激励模式理论，是由美国心理学家弗雷里克·赫茨伯格（Frederick Herzberg）于1959年提出的。赫茨伯格为了研究人的工作动机，对匹兹堡地区的200名工程师、会计师进行深入的访问调查，提出了许多问题，如在什么情况下你对工作特别满意、在什么情况下你对工作特别厌恶、原因是什么等，调查结果发现，使被调查者感到满意的因素都是工作性质和内容方面的，使被调查者感到不满意的因素都是工作环境或者工作关系方面的。赫茨伯格把前者称作激励因素，后者称作保健因素。

（1）保健因素

保健因素对职工行为的影响类似卫生保健对人们身体的影响，当卫生保健工作达到一定水平时，可以预防疾病，但不能治病。同理，当保健因素低于一定水平时，会引起职工的不满；当这类因素得到改善时，职工的不满就会消除。但是，保健因素对职工起不到激励的积极作用。保健因素可以归纳为10项：企业的政策与行政管理；监督；与上级的关系；与同事的关系；与下级的关系；工资；工作安全；个人生活；工作条件；地位。

（2）激励因素

激励因素具备时，可以起到明显的激励作用。当这类因素不具备时，也不会造成职工的极大不满。激励因素归纳起来有 6 种：工作上的成就感；受到重视；提升；工作本身的性质；个人发展的可能性；责任等。激励因素是以工作为中心的，即工作本身是否满意、工作中个人是否有成就、是否得到重用和提升；保健因素则与工作的外部环境有关，属于保证工作完成的基本条件。研究中还发现，当职工受到很大激励时，他对外部环境的不利能产生很大的耐性；反之，就不可能有这种耐性。

赫茨伯格的双因素理论与马斯洛的需要层次理论有很大的相似性。马斯洛的高层需要即赫茨伯格的主要激励因素，为了维持生活所必须满足的低层需要则相当于保健因素。可以说，赫茨伯格对需要层次理论作了补充，他划分了激励因素和保健因素的界限，分析出各种激励因素主要来自工作本身，这就为激励工作指出了方向。图 1.4 是马斯洛模式与赫茨伯格模式的比较。

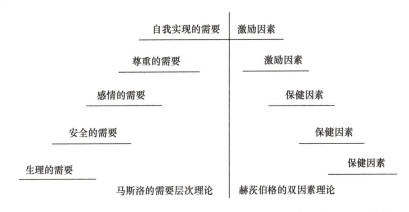

图 1.4　马斯洛模式与赫茨伯格模式的比较

1.2.3　系统原理

任何社会组织都是由人、物、信息组成的系统，系统就是有机的、过程的复合体，系统原理是现代管理科学中的一个最基本的原理，在管理原理的有机体系中起着统领的作用。系统是指由若干相互联系、相互作用的部分组成，在一定环境中是特定功能的有机整体。在自然界和人类社会中，一切事物都是以系统的形式存在的，任何事物都可以看作一个系统。系统从组成要素的性质看，可划分为自然系统和人造系统。

系统原理是指在从事管理工作时，运用系统的观点、理论和方法对管理活动进行充分地系统分析，以达到管理的优化目标，从系统论的角度来认识和处理企业或项目管理中出现的问题。系统可以分解为若干子系统，子系统和子系统分别处于不同的地位。系统内各要素之间相互依存、相互制约的关系，即系统存在相关性。

1. 整体性原理

整体性原理指系统要素之间的相互关系及要素与系统之间的关系。以整体为主进行协调，局部服从整体，使整体效果为最优。局部与整体在利益和损失上是不一致的，当局部和整体发生矛盾时，局部利益必须服从整体利益。

系统原理要求对管理对象进行系统分析，即从系统观点出发，利用科学的分析方法对所研究的问题进行全面地分析和探索，确定系统目标，列出实现目标的若干可行方案，分析对比提出可行建议，为决策者选择最优方案提供依据。

从系统功能的整体性来说，系统的功能不等于要素功能的简单相加，而是往往要大于各个部分功能的总和，即整体大于各个孤立部分的总和，大于不仅指数量上的超过，而且指在各部分组成一个系统后，产生了总体的功能（即系统的功能）要大大超过各个部分功能的总和。系统要素的功能必须服从系统整体的功能。

2. 动态性原理

系统作为一个运动着的有机体，其稳定状态是相对的，运动是绝对的，系统不仅作为一个功能实体而存在，而且运动的系统内部的联系就是一种运动，系统与环境的相互作用也是运动。系统的功能是时间的函数，因为不论是系统要素的状态和功能，还是系统中的子系统，联系或状态都是在变化的，运动是系统的生命。

企业或项目内部的各个要素处于动态之中并且相互影响和制约，在现代工程技术中，尤其是电子元器件工程，一种器件的制备或一步工序的完成，都是由很多道工作完成的，需要用到很多设备、材料和技术手段，这些要素都是动态相关的，不是静止的、无关的，一步工作的完成往往是下一步工作的平台。

在项目管理中，必须掌握与工作有关的所有对象要素之间的动态相关特征，充分利用相关要素的作用，掌握人与设备、人与作业环境、人与人之间、资金与设备改造之间、信息与人员之间等的动态关系，实现有效管理。掌握这些系统的动态关系，研究系统动态的规律，管理者才能预见系统和发展趋势，使系统向期望的目标发用。

3. 开放性原理

封闭系统因受热力学第二定律作用，其熵逐渐增大，活力逐渐减少，严格地说，完全封闭的系统是不能存在的。实际上，不存在一个与外部环境完全没有物质、能量、信息交换的系统。任何有机系统都是耗散结构系统，系统与外界不断交流物质、能量和信息，才能维持其生存，并且只有系统从外部获得的能量大于系统内部消耗散失的能量时，系统才能不断发展壮大。所以，对外开放是系统的生命。在管理工作中，任何把本系统封闭起来与外界隔绝的做法，都只会导致失败。明智的管理应当从开放性原理出发，充分估计到外部对本系统的种种影响，努力从开放中扩大本系统从外部吸收的物质、能量和信息。

4. 环境适应性原理

系统不是孤立存在的，它要与周围事物发生各种联系。这些与系统产生联系的周围事物的全体，就是系统的环境，环境也是一个更高级的大系统。如果系统与环境进行物质、能量和信息的交流，能够保持最佳适应状态，则说明这是一个有活力的理想系统。系统对环境的适应并不都是被动的，也可以主动的，那就是改善环境，系统可以施加作用和影响于环境。

自古以来，人类具有改造环境的能力，没有条件可以创造条件。企业或项目的小系统和外界的大系统要达到和谐，就要做到被动地适应与主动地改善相结合。这种改善的能力受到人类掌握科学技术的限制，也受组织和经济力量的制约。管理者既要看到能动地改变环境的可能，又要看到自己的局限，才能做出科学的决策，保证组织的可持续发展。

现代企业或项目的管理是一项复杂的系统工程，其内部条件和外部环境都在不断变化，所以要使管理系统实现目标，必须根据具体情况及时了解环境的变化，调整系统的状态，保证目标的实现。

1.2.4 人本原理

世界上一切科学技术的进步，一切物质财富的创造，一切社会生产力的发展运行，都离不开人的努力、人的劳动与人的管理，并且都是为了造福人类，促进人的全面发展。人本原理就是在企业管理活动中必须把人的因素放在首位，体现以人为本的指导思想。人本原理主要包括下述主要观点：职工是企业或项目的主体；职工参与是有效管理的关键；使人性得到最完美的发展是现代管理的核心；服务于人是管理的根本目的。

1. 职工是企业的主体

企业经营的基本要素有劳务要素、材料要素、设备要素、技术要素和资金要素，劳动者是创造价值的主体。提供劳动服务的劳动者在企业生产经营中的作用是逐步认识的，早期认为劳动者作为机器附属物，机器大生产中管理者为劳动者设计出自认为最合理的操作程序，不要求创造和革新。

随着生产力的提高，管理者认识到劳动者的行为决定了生产效率、质量和成本。人的行为是由动机决定的，而动机又取决于需要。劳动者的需要是多方面的，经济需要只是其基本内容之一。为了对劳动者的潜能进行挖掘，管理者要从多方面去激励劳动者的劳动热情，引导他们的行为，使其符合企业的要求。

2. 动力原则

人本原理的以人为本认为所有管理活动均是以人为本体展开的，人既是管理的主体（管理者），又是管理的客体（被管理者），每个人都处在一定的管理层次上，离开人就无所谓管理。推动管理活动的基本力量是人，所以管理必须能够激发人的工作动力，这就是动力原则。

动力的产生可以来自于物质、精神和信息等，相应就有3类基本动力：

1）物质动力，以适当的物质利益刺激人的行为动机，达到激发人的积极性的目的。

2）精神动力，运用理想、信念、鼓励等精神力量刺激人的行为动机，达到激发人的积极性的目的。

3）信息动力，通过信息的获取与交流产生奋起直追或领先他人的行为动机，达到激发人的积极性的目的。

3. 能级原则

人本原理中的人是管理活动的主要对象和重要资源。在管理活动中，作为管理对象的要素（资金、物质、时间、信息等）和管理系统的环节（组织机构、规章制度等），都是需要人去掌管、运作、推动和实施的，具体反映为人的各种行为能力。

现代管理引入"能级"这一物理学概念，认为组织中的单位和个人都具有一定的能量，并且可按能量大小的顺序排列，形成现代管理中的能级。能级原则是指：在管理系统中建立一套合理的能级，即根据各单位和个人能量的大小安排其地位和任务，做到才职相称，才能发挥不同能级的能量，保证结构的稳定性和管理的有效性。

管理中的能级不是人为给出的假设，而是客观的存在。在运用能级原则时应该做到3点：

1）能级的确定必须保证管理系统具有稳定性。

2）人才的配备使用必须与能级对应。

3）对不同的能级授予不同的权力和责任，给予不同的激励，使其责、权、利与能级相符。

4. 激励原则

管理应该根据人的思想和行为规律，运用各种激励手段，充分发挥人的积极性和创造性，挖掘人的内在潜力。搞好企业或项目的管理，充分保护企业职工的安全、健康与自我发展的利益，激发员工集体的归属感与企业文化的认同感，是人本原理的直接体现。

管理中的激励就是利用某种外部诱因的刺激来调动人的积极性和创造性。以科学的手段，激发人的内在潜力，使其充分发挥出积极性、主动性和创造性，这就是激励原则。企业管理者运用激励原则时，要采用符合人的心理活动和行为活动规律的各种有效的激励措施和手段。企业员工发挥积极性的动力主要来自于3个方面：

1）内在动力，指的是企业员工自身的奋斗精神。

2）外在压力，指的是外部施加于员工的某种力量，如加薪、降级、表扬、批评等。

3）吸引力，指的是那些能够使人产生兴趣和爱好的某种力量。

这3种动力是相互联系的，管理者要善于体察和引导，要因人而异、科学合理地采取各种激励方法和激励强度，从而最大限度发挥出员工的内在潜力。

1.2.5 效益与适度原理

1. 效益的评价

管理活动要以提高效益为核心，追求效益的不断提高，应该成为管理活动的中心和一切管理工作的出发点。效益是指企业的产品、服务可以被社会承认和接纳。效益的评价，可由不同主体从多个不同视角去进行，因此没有一个绝对的标准。不同的评价标准和方法，得出的结论也不同。有效的管理首先要求对效益的评价尽可能公正和客观，因为评价的结果直接影响组织对效益的追求和获得，结果越是公正和客观，组织对效益追求的积极性就越高，动力也越强，客观上产生的效益也就越多。不论采用哪些具体指标，企业效益的高低最终决定了企业的生存与发展能力。

越是成熟、规范的市场，其评价结果就越客观公正；越是发育不成熟或行为扭曲的市场，其评价结果就越不客观、不公正，甚至具有很强的欺骗性。市场评价体现的主要是经济效益。不同的评价都有自身的长处和不足，应配合运用，以求获得客观公正的评价结果。

2. 效益的追求

效益是管理的重要目的。管理就是对效益的不断追求。影响管理效益的因素很多，其中，主体管理思想正确与否占有相当重的价值，在现代化管理中，采用先进的科学方法和手段，建立合理的管理机构和规章制度无疑是必要的，更重要的是一个管理系统的高级主管所选取的战略。管理效益就是组织的战略追求，局部效益必须与全局效益相一致。

[实例9] 王安1920年出生于上海，在上海交通大学毕业后，来到美国哈佛大学学习应用物理学，毕业后加入某公司的计算机研发机构，获得计算机存储技术的专利。后来王安注册成立自己的公司，某公司的产品一度风靡全球，此时，王安的经营战略出现问题，包括技术、环境、用人的失误，最后破产。企业如果经营战略有误，局部的东西再好也毫无

意义。

全局效益是一个比局部效益更为重要的问题。如果全局效益很差，局部效益提高就难以持久。当然，局部效益也是全局效益的基础，没有局部效益的提高，全局效益的提高也是难以实现的。局部效益与全局效益是统一的，有时又是矛盾的。当局部效益与全局效益发生冲突时，管理必须做到局部服从全局。

管理应追求长期稳定的高效益，企业时刻都处于激烈的竞争中。如果企业只满足于眼前的经济效益和管理模式，不开发新理念、新品种，不去提高质量、创新产品，迎接未来新的挑战，就随时会被淘汰。企业或项目的管理者必须有远见卓识和创新精神，随时想着下一步的发展，掌握本行业的发展规律，不能只追求当前的稳定和经济效益，故步自封，不肯加大研究与开发创新的投入。

3. 适度的理念

良好的管理要求管理者在处理组织内部的各种矛盾、协调各种关系时，要把握适度的原则。管理活动中存在许多相互矛盾的选择，如成本、进度和质量是一个项目管理中的相互制约和平衡的关系，在管理权力的分配上，有集中与分散管理。在这些相互对立的选择中，由于每一个要素都存在优势和劣势，适度管理的根本原因在于管理所面对的不确定性，制约因素的均衡性和最优化。管理者需要艺术地运用科学的管理理论和方法，在错综复杂、矛盾对立的背景中审慎地做出适当的选择。

管理者需要根据企业或项目的具体活动环境、活动条件及活动对象等因素的特征及其变化，灵活多变地运用管理科学的理论、手段和方法，管理活动的有效性正是取决于管理者能否合理运用管理科学，适度均衡地作出各种判断，制定管理措施。

4. 适度的运用

在错综复杂、对立矛盾的背景中作出适度或适当的选择，要求管理者重视直觉能力的培养和应用。管理活动中一直强调运用科学的手段和方法。例如，要用科学的方法对组织活动的外部环境和内部条件进行充分分析，在这个基础上制定不同的方案，并运用科学的方法对这些方案进行充分的论证和比较，据此做出科学的决策并组织实施。

在管理实践中，管理要处理许多问题，由于这些问题涉及的背景、条件及处理后可能产生的影响，有时很难做出精确的量化处理。以经验为基础的直觉判断，在管理活动的组织中依然有着十分重要的作用。在矛盾对立且难以量化的两个方案中进行选择，直觉往往是主要工具。

适度原则中的直觉是创新思维的基础，直觉可能仍然是一个快速的逻辑思维过程，直觉思维有非常丰富的科学内涵，管理者必须注意直觉能力的培养。

1.3 管理决策与项目目标

1.3.1 决策的基本概念

工程项目决策是一切管理工作的起点，以前瞻性、战略性的高度确定整个管理工作的方向，决定项目的成败，在项目管理中具有重要意义。工程项目决策阶段的基本内容有项目实施的环境、条件的调查与分析、项目定义、项目目标的分析和论证。其中，项目决策阶段的策划工作的主要任务是确定项目开发或立项的任务和价值。

工程项目实施阶段决策的主要任务：确定如何组织该项目的开发或运作；落实项目决策的基本内容；对环境、条件和目标的再分析与再论证；策划项目实施的常规工作；实施展开项目的合同工作；展开项目的经济管理工作；策划项目实施的技术工作；确定项目实施的风险等。

1. 决策的概念

人类的实践活动是在理想和意图的支配下，为达到一定目的而进行的有意行为。决策体现了管理者对未来实践活动的理想、意图、目标、方向的预测，通过科学的原则、方法和手段对未来限定时间内规划工作的过程。决策也是主观与客观、理论与实践的对立统一过程，在变化和发展中，体现主观或理论对客观世界的认识和对未来实践的预测能力。

在工程项目管理中，必须将正确的决策和有效的管理相结合，达到项目的最终目标。诺贝尔经济学奖获得者赫伯特·西蒙（Herbert Simon）认为：决策贯穿管理的全过程。决策是管理的核心，管理人员在组织中的重要职能就是做决策。

高层管理者制定关于整个组织发展的决策，例如，研究开发新的市场、选择厂房的地点、提供产品与服务的类型等；中层和基层管理者负责制定季度、月份和每周的生产、销售进度决策，处理一般事务，以及进行薪酬水平的调整、员工的招募、选择和培训等。决策活动并不仅限于组织中的管理者，组织中的每一个人都会做出各种各样的决策。

[**实例 10**] 台积电（TSMC）当年的决策过程生动地反映了决策水平的高度对企业未来发展的影响。1987 年，当时的半导体企业都是集合了芯片设计、芯片生产和芯片测试与封装，张忠谋创立的这家半导体企业不走常规路线。他认为台积电应该只做晶圆（Chip，也称晶片）上的芯片生产，即采用代工（Foundry）模式。他说："我的公司不生产自己的产品，只为半导体设计公司制造产品"。当时，这样的企业模式是一件不可想象的事情，因为那时还没有独立的半导体设计公司。

凡是根据预定目标做出行动的决定都可称为决策。广义的决策是指为了达到某个行为目标，在占有一定信息的基础上，借助于科学的理论、方法和工具，对影响目标的各种因素进行分析、计算和评价，结合决策者的经验，从两个以上的可行方案中选择一个最优的方案。

2. 决策与管理的关系

决策是"做正确的事"，而管理是"正确地做事"。现代企业必须做到决策、管理和监督三位一体，才可能生存和发展。同时，从企业内部来看，决策和管理又是相辅相成的两套职能系统，甚至是发展的"双翼"，缺一不可，否则只能是停滞不前。

美国管理学家哈罗德·孔茨（Harold Koontz）认为：拟定决策，即从行为过程的各个决策方案中做出选择是计划工作的核心。决策是管理的基础和起点，管理的计划、组织、指挥、协调和控制等职能活动的核心工作就是进行各种各样的决策。在实施组织职能时，机构设置、人员配备、权责划分等都是需要决策的重大问题；在指挥职能中，怎样使人力、财力和物力按照预期的目标有效运转起来，需要大量的决策。

决策是管理的主要内容，贯穿管理的全过程。确定了目标只是管理的开始，为了达到目标，必须拟定一个计划，将实现目标的过程分为不同的阶段和步骤。决策与管理密不可分，相互制约，管理的成败在很大程度上体现了决策的有效性。在当代社会经济生活中，企业面临的外部环境变化剧烈，企业的生存和发展并不完全取决于运营活动本身，而在更大程度上取决于决策的正确性。

3. 正确的决策

正确的决策来源于丰富的管理实践经验和管理理论的指导。管理实践是管理理论的基础，管理理论反映并指导管理实践的发展。管理的理论、方法来自实践，一定时期的管理理论，既是适应这一时期管理实践的要求而产生的，又是对这一时期管理实践的一定程度的客观反映。管理者只有在管理实践中善于思考、学习和总结，不断积累知识，才能将实践经验上升为理论，从而反过来指导实践。对于整个管理过程来说，决策是一种创造性的思维活动，体现了高度的科学性和艺术性。

1.3.2 决策的种类与特点

1. 按决策的层次划分

战略决策是指与发展方向和远景规划等有关的决策，即重大方针、目标，为适应环境发展变化所做的高层次决策。通常包括组织目标、方针的确定，组织机构的调整，企业产品的更新换代、技术改造等，具有长期性和方向性。

组织内管理决策是在组织内贯彻的决策，属于战略决策执行过程中的具体决策。管理性决策旨在实现组织中各环节的高度协调和资源的合理使用，如企业生产计划、营销计划、人员选聘、财务预算等。

业务决策也称为日常管理决策，是日常工作中为提高生产效率、工作效率而做出的决策，其牵涉范围较窄，只对组织产生局部影响。例如，工作任务的日常分配和检查、岗位责任制的制定和执行、材料的采购等。

2. 按决策的重复性划分

从决策涉及问题的重复性来看，可把决策分为程序化决策与非程序化决策。组织中的问题可分为两类：一类是例行问题（程序化决策）；另一类是例外问题（非程序化决策）。例行问题是指那些重复出现的、日常的管理问题，如设备故障、现金短缺；例外问题则是指那些偶然发生的、新颖的、性质和结构不明的、具有重大影响的问题，如组织结构变化、开发新产品或开拓新市场。

3. 按决策的自然状态划分

确定型决策是指在稳定可控条件下进行的决策。在确定型决策中，决策者确切知道自然状态的发生，每个方案只有一个确定的结果，最终选择哪个方案取决于对各个方案结果的直接比较。

风险型决策也称随机决策。在这类决策中，自然状态不止一种，决策者不能知道哪种自然状态会发生，但知道有多少种自然状态及每种自然状态发生的概率。

不确定型决策是指在不稳定条件下进行的决策。在不确定型决策中，决策者可能不知道有多少种自然状态，即便知道，也不能知道每种自然状态发生的概率。

4. 决策的特点

决策作为一项重要的管理活动，具有普遍存在性，即决策是日常组织活动的重要内容，对于管理者或一般组织成员都有决策的要求;决策具有时效性,其是在特定的情况下,把组织的当前情况与组织未来的行动联系起来,并旨在解决问题或把握机会的管理活动;决策具有满意性,即使按照最优化准则,决策的完全合理性是难以达到的;决策的内部性和外部性,即决策不能脱离特定的环境,决策的过程不是孤立的;任何决策都有动态性,因为环境条件一直是变化的,决策要适应变化的决策条件。

1.3.3 决策的基本程序及影响因素

管理者结合自己的能力选择相适应的问题进行决策,一般都遵循一些基本程序:决策的过程可分为问题识别、确定目标、拟定备选方案、评估和优选方案、贯彻实施、反馈与控制等 6 个阶段,如图 1.5 所示。

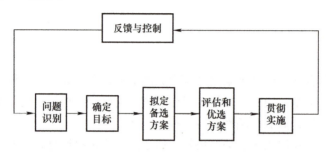

图 1.5 决策的基本程序

1. 从问题到方案

任何决策都是从发现和提出问题开始的。所谓问题,是指应该或可能达到的状况同现实状况之间的差距,是客观存在的矛盾在主观世界中的反映。决策的问题识别首先要弄清问题的性质、范围、程度及价值和影响,然后要找出问题产生的原因,分析其主观原因与客观原因、主要因素与次要因素、直接原因与间接原因等。

所谓目标,是指在一定条件下,根据需要和可能在预测基础上的最后要求或决策所要获得的结果。确定决策目标是整个决策过程的出发点,是科学决策的重要一步。决策目标应当符合技术上的先进性、经济上的合理性和客观条件的可能性。目标要可以计量,限定完成时间及主要负责人;目标要确定约束条件;目标是由总目标、子目标、二级子目标等从上到下组成的一个有层次的目标体系,是一个动态的复杂系统;目标的确定要经过专家与领导的集体论证。

拟定备选方案就是针对已确定的决策目标制定出多套可能的方案,以供选择。这些方案都务必使现有的人力、物力和财力资源得到最合理、最充分的使用。

2. 从方案到实施

在方案选择之前,先要对各种备选方案进行评估。选择满意方案是决策的关键一环,也是领导的至关重要的职能。做好方案优选需要满足两个条件:一是要有合理的选择标准;二是要有科学的选择方法。

方案的实施是决策过程中至关重要的一步,在方案选定以后,管理者就要制定实施方案的具体措施和步骤。实施过程要制定相应的具体措施,保证方案的正确实施;确保与方案有关的各种指令能被所有相关人员充分接收并彻底了解;应用目标管理方法把决策目标层层分解，落实到每一个执行单位和个人；建立重要的工作报告制度，以便及时了解方案进展情况，及时进行调整。

实施方案可能涉及较长时间，在这段时间内，环境可能发生变化，对问题或机会必须有初步估计，管理者要不断对方案进行修改和完善，以适应变化的环境。

1.3.4 项目目标决策

1. 定义项目目标

项目管理的初始阶段通过决策确定目标，而从管理的全过程看，是通过目标来监督决策、评价决策。项目管理首先要定义项目的目的和目标，并对可交付成果达成一致意见，确定假设条件和制约因素，制定项目范围说明书。

定义范围需要从项目的目的或目标出发，然后将其进行细化并分解为更小的组成部分，一直分解到可交付成果层级。项目的目标定义团队要努力实现或创造的这个结果，其目标必须清晰精确，可以用很具体的术语来描述。例如，生产线升级项目的项目经理，目标可能是在不影响或较少影响生产的前提下，完成生产线的各个有关节点设备的升级，并调试成功，通过验收。

项目目的描述需要细化到具体的每项工作，并支持项目的最终目标。项目目标是项目的核心和灵魂。项目目标描述项目将要完成或产生的结果，项目目标应该被各方所认可，要获得关键的相关方对项目目标的共识。项目经理会把项目目标书面化，并将其传达给所有的项目团队成员和关键的相关方。项目目标的设立应该遵循5个方面的原则，简称为SMART原则，分别是明确的（Specific）、可测量的（Measurable）、可实现的（Attainable）、现实的（Realistic），以及有时限性的（Time Bound）。

项目在基于团队的技术、能力、财务等各方面指标来考虑，目标应该是可以实现的。如果项目目标对于项目团队来说有些挑战性，这是合理的；但是，如果目标超出了团队的能力范围，那么项目要想被成功完成，达成目标的风险就很大了。

项目目标的达成必须要有一个截止日期或时间表，因为项目具有临时性，需要在指定的时间内完成。

2. 可交付成果

可交付成果包括完成项目所必需的特定产品、服务或成果。可交付成果与项目目标一样，应该是明确的及可测量的。

对可交付成果描述和定义得越清晰、越具体，对项目活动的规划和估算，以及对任务的沟通和分配就会越容易。可交付成果描述了项目将产生或将要完成的结果。当所有的可交付成果都完成时，项目的目标也就完成了。

对于所有项目来说，与项目管理过程有关的关键成功因素包含如下几个方面：

1）关键相关方、项目团队、管理团队和项目经理要对项目目标有清晰一致的理解。
2）制订一份清晰明确的项目范围说明书。
3）相关方在项目章程和项目范围说明书上签字，表达决心参与项目。
4）制订一份良好清晰的项目计划（包括你在项目中看到的所有文档，如项目进度计划、风险管理计划、项目预算、成本基准、沟通计划和变更控制程序等）。

5）运用科学的项目管理方法。

假设条件是指假定正在计划的某些事情是真实的、确定的。假设条件可以记录在项目范围说明书中，作为其组成部分之一，也可以记录在单独的假设日志文件里。制约因素是指限制或约束项目团队行动的任何事物，项目的制约因素有时间、范围、预算、人员、组织、资源、环境等。项目的除外责任是团队认为对于完成项目不需要去做的可交付成果或需求。务必注意哪些需求和可交付成果是项目不需要做的，当这些可交付成果没有被规划和执行或无法完成时，就不会给团队造成损失和困难。

1.4 管理要素细化与项目计划

计划工作具有承上启下的作用，是决策的逻辑延续，为决策所选择的目标活动的实施提供组织保证；计划工作又是组织、领导、控制和创新等管理活动的基础，是组织内不同部门、不同成员行动的依据。

计划过程是决策的组织落实过程。计划通过将组织在一定时期内的活动任务分解给组织的每个部门、环节和个人，从而不仅为这些部门、环节和个人在该时期的工作提供具体的依据，还为决策目标的实现提供了保证。工程项目管理计划必须随着情况的变化而进行动态调整，工程项目管理计划要落实项目管理的计划大纲和项目管理的实施计划。

1.4.1 计划的基本概念

1. 计划的定义

计划是指用文字和指标等形式所表述的、组织及组织内不同部门和不同成员在未来一定时期内关于行动方向、内容和方式安排的管理文件。计划是指为了实现决策所确定的目标，预先进行的行动安排。计划内容在管理学中简称"5W1H"，即计划必须清楚地确定和描述这些内容：做什么（What），即目标与内容；为什么做（Why），即原因；谁去做（Who），即人员；何地做（Where），即地点；何时做（When），即时间；怎样做（How），即达到目标的方式、手段。

计划的意义在于给出方向，减小变化的冲击，把浪费和冗余减至最少，以及设立标准以利于控制。在控制职能中，管理者要将实际的绩效与计划标准进行比较，发现可能发生的重大偏差，并采取必要的校正行动。

2. 计划的性质

计划工作是为实现组织目标服务，对决策工作在时间和空间两个维度上进一步的展开和细化。前者（即时间维度）是指计划工作把决策所确立的组织目标及其行动方式分解为不同时间段（如长期、中期、短期等）的目标及其行动安排；后者（即空间维度）是指计划工作把决策所确立的组织目标及其行动方式分解为组织内不同层次（如高层、中层、基层）、不同部门（如生产、人事、销售、财务等）、不同成员的目标及其行动安排。

计划工作是管理活动的桥梁，是组织、领导和控制等管理活动的基础。决策工作确立了组织生存的使命和目标，描绘了组织的未来，计划工作则把组织成员连接起来，给组织、领导和控制等一系列管理工作提供了基础。

高级管理人员要计划组织的总方向,各级管理人员必须随后据此拟订各自的计划,从而保证实现组织的总目标,这是计划的普遍性和秩序性。

3. 计划工作要追求效率

可以用计划对组织目标的贡献来衡量一个计划的效率,贡献是指扣除制订和实施这个计划所需要的费用和其他因素后能得到的剩余。特别要注意的是,在衡量代价时,不仅要用时间或金钱来衡量,还要衡量个人和集体的满意程度。

实现目标有许多途径,必须从中选择尽可能好的方法,以最低的费用取得预期的成果,保持较高的效率,避免不必要的损失。计划工作强调协调、强调节约,其重大安排都经过经济和技术的可行性分析,使付出的代价尽可能合算。

1.4.2 计划的类型

为实现启动阶段提出的目标,在项目规划阶段需要制订项目计划。制订项目计划具体包括工作计划、成本计划、质量计划、资源计划和集成计划等。除了制订项目计划,还需要开展必要的项目设定工作,其中包括项目产出物的技术方面、质量方面、数量方面和经济方面等的要求规定。计划可以依据时间和空间、计划的明确程度及计划的程序化程度进行分类。

1. 长期计划和短期计划

长期计划描述了组织在较长时期(通常为 5 年以上)的发展方向和方针,规定了组织的各个部门在较长时期内从事某种活动应达到的目标和要求,绘制了组织长期发展的蓝图。

短期计划具体规定了组织的各个部门在目前到未来各个较短的时期,特别是最近的时段中,应该从事何种活动,从事该种活动应达到何种要求,因而为各组织成员在近期的行动提供依据。

2. 业务计划、财务计划和人事计划

业务计划是组织的主要计划,通常用人、财、物、供、产、销等 6 个字来描述一个企业所需的要素和企业的主要活动;财务计划的内容涉及财;人事计划的内容涉及人。财务计划与人事计划是为业务计划服务的,围绕着业务计划而展开。财务计划研究如何从资本的提供和利用上促进业务活动的有效进行,人事计划则分析如何为业务规模的维持或扩大提供人力资源的保证。

3. 战略性计划与战术性计划

根据涉及时间长短及其范围广狭的综合性程度,可以将计划分为战略性计划与战术性计划。战略性计划是指应用于整体组织的、为组织未来较长时期(通常为 5 年以上)设立总体目标和寻求组织在环境中的地位的计划;战术性计划是指规定总体目标如何实现的细节计划,其需要解决的是组织的具体部门在未来各个较短时期内的行动方案。

4. 具体性计划与指导性计划

根据计划内容的明确性标准,可以将计划分为具体性计划和指导性计划。具体性计划具有明确规定的目标,不能模棱两可。指导性计划只规定某些一般的方针和行动原则,给予行动者较大的自由处置权,它指出重点但不把行动者限定在具体的目标或特定的行动方案上。例如,一个增加销售额的具体性计划可能规定未来 6 个月内销售额要增加 15%,而指导性计划则可能只规定未来 6 个月内销售额要增加 12%~16%。

1.4.3 计划的编制过程

1. 计划的层次体系

一个计划包含组织将来行动的目标和方式。计划与未来有关，是面向未来和面向行动的。美国著名管理学家哈罗德·孔茨（Harold Koontz）和海因·韦里克（Heinz Weihrich）从抽象到具体，把计划分为一种层次体系：目的或使命、目标、战略、政策、程序、规则、方案、预算。

计划的目的或使命是指一定的组织机构在社会上应起的作用、所处的地位；它决定组织的性质，决定此组织区别于其他组织的标志。

组织的使命支配着组织各个时期的目标和各部门的目标，而且组织各个时期的目标和各部门的目标是围绕组织存在的使命所制订的，并为完成组织的使命而努力。

战略是为了达到组织总目标而采取的行动和利用资源的总计划，其目的是通过一系列的主要目标和政策去决定和传达一个组织期望自己成为什么样的组织。

政策政策允许对某些事情有酌情处理的自由，一方面切不可把政策当作规则，另一方面又必须把这种自由限制在一定范围内。自由处理的权限大小，一方面取决于政策自身，另一方面也取决于主管人员的管理艺术。

程序是制订处理未来活动的一种必需方法的计划，它详细列出了完成某类活动的切实方式，并按时间顺序对必要的活动进行排列。

规则没有酌情处理的余地，它详细、明确地阐明必需行动或无需行动，其本质是一种管理决策，规则通常是最简单形式的计划。

方案是一个综合性的计划，它包括目标、政策、程序、规则、任务分配、要采取的步骤、要使用的资源及为完成既定行动方针所需的其他因素。一项方案可能很大，也可能很小。通常情况下，一个主要方案（或规划）可能需要很多支持计划。在主要方案进行之前，必须把这些支持计划制订出来并付诸实施，所有这些计划都必须加以协调和安排相应时间。

预算是一份用数字表示预期结果的报表。预算通常是为规划服务的，其本身可能也是一项规划。

2. 影响计划的权变

由于项目的环境、条件和资源等的不同，计划的制订需要有不同的类型。影响计划有效性的权变因素有组织的层次、组织的生命周期、环境的不确定性程度等。

图1.6表明了组织的管理层次与计划类型之间的一般关系，基层管理者的计划活动主要是制订作业计划，当管理者在组织中的等级上升时，计划角色就更具有战略导向，而对于大型组织的最高管理者，其计划任务基本上都是战略性的。

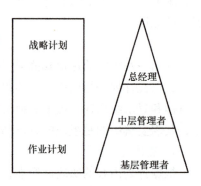

图1.6 组织的管理层次与计划类型之间的一般关系

3. 项目管理计划的内容

计划编制本身也是一个过程。为了保证编制的计划合理，能实现组织的决策落实，计划编制必须采用科学的方法。项目管理计划大纲应由组织的管理层或组织委托的项目管理单位编制，项目管理实施计划应由项目经理组织编制。

编制项目管理计划大纲应遵循的内容和流程有明确项目需求和项目管理范围、确定项目管理目标、预测并有效确定计划的重要前提条件，以及拟订和选择可行的行动计划、进行项目工作结构分解、确定项目管理组织模式和组织结构及职责分工、规定项目管理措施、编制项目资源计划和报送审批等。

在做出决策和确定计划后，最后一步就是把计划转变成预算，使计划数字化。编制预算，一方面是为了使计划的指标体系更加明确；另一方面是使企业更易于对计划的执行进行控制。定性的计划往往在可比性、可控性和奖惩方面比较困难，而定量的计划则具有较硬的约束性。

1.5 电子元器件工程项目的特点

1.5.1 电子元器件工程项目概述

1. 复杂性

项目结果产生的不确定性给项目的实施带来了风险，电子元器件工程项目在某些方面表现得更加特殊，需要尤其加以决策与规划。电子元器件工程技术含量较高，参与项目实施的技术人员需要经过专门的技术培训，项目管理人员需要具备一定的经验。这种高技术含量的项目在执行中也会带来高风险。电子工程技术属于智慧型、知识型，需要创造性的智慧活动才能保证项目的成功。项目中的许多资源、工作是可以复制或重复的，但是任何一个项目本身都是不一样的，甚至可以说是全新的。项目的独特性在产品研发升级领域表现得尤为突出，厂商不仅要向客户提供产品，更重要的是根据客户的要求向其提供不同的解决方案。即使有现成的解决方案，厂商也要根据客户的要求进行一定的客户化工作，因此每个项目都有所不同。项目的这种独特性对实际管理项目有非常重要的指导意义。

电子元器件项目是指制造、开发、推广一种电子元器件的工程项目，项目的目标有多种形式，有生产线的建设或升级、新产品的研发、产品的推广宣传等内容。项目的工作环节不仅包括普通项目的各个因素，如人、财、物等资源，还可能包括电子元器件的规划、设计、流片、样片、定型等环节。

2. 高风险

如果说任何项目的实施，都有无法完成目标的风险，那么电子元器件项目的风险尤其突出。完成电子元器件项目需要很高的投入，包括高级工程技术人员、高精尖设备、已有技术积累和知识产权、相对较长的项目周期等因素。

项目的一次性和结果的不确定性会引入很大的技术风险，资金需求大会引入财政风险，新产品新技术竞争激烈会引入时间风险。

电子元器件工程项目属于智力密集型项目，项目团队成员的结构、责任心、能力和稳定性对信息系统项目的质量及是否成功有决定性的影响。项目工作的技术性很强，各阶段都需要大量高强度脑力劳动。项目各阶段还需要大量的手工劳动。因此，电子元器件工程项目的完成程度与参与人员的智力和创造力有直接关系。

3. 不确定性

虽然所有项目都有明确的目标，电子元器件项目也不能例外，但是，由于其高科技和技术的前沿性和先进性，这类项目当中尤其是研发类项目，其目标往往很难明确，在项目的目标设定上要进行可行性研究，设定一个合理的目标，太高的目标也许无法完成。项目要充分发掘项目团队成员的智力才能和创造精神，才能实现高质量的项目。这就要求项目团队成员不仅要具有一定的技术水平和工作经验，而且要具有良好的心理素质和较强的责任心。

当决策和计划项目的范围和质量时，使用方可以聘请第三方项目监理或科技咨询机构来监督项目的实施情况。

4. 周期长与渐进性

电子元器件项目，如芯片研发设计，项目似乎永远做不完。比起一般项目，此类项目流片周期长。在项目的执行过程中，新的问题会层出不穷，项目不可能完全按计划完成。另外，在项目执行过程中可能还会有各种风险和意外，使项目不能按计划运行，因此，在项目管理中，必须制订切实可行的项目计划。

在项目执行过程中，会遇到各种问题，而且往往没有现成的处理方法，这就要项目经理必须掌握必要的工具和方法，抓住整体过程和控制要素，在一些基本原则下，对问题进行具体分析，根据实际情况灵活应对。因此，项目管理不应照搬照套规定流程或模式。

项目任务边界的模糊性和目标的渐进性特征，使得项目进展中客户的需求发生变化，从而导致项目进度、项目费用等不断发生变化。往往项目团队已经做好了系统规划、可行性研究，也与客户签订了技术合同，但是随着项目的推进，客户的需求不断被激发，导致程序、界面及相关文档需要经常修改。而且，在修改过程中可能会产生一些问题，这些问题很可能经过相当长的时间才被发现，这就要求项目经理要实时监控项目计划的执行情况。

5. 项目管理特色

不同项目的立项和管理过程有所不同。按照项目的来源，电子元器件项目的立项过程可以分为：国家各级政府根据信息化发展的需要提出，经过组织论证后确立的项目；企业根据自身发展战略、竞争、管理需要提出项目需求，经过可行性论证后确立的项目。

产品研发类项目的来源主要有企业经过机会分析和可行性研究后确立的项目，国家各级政府及企业委托的科研项目。这些项目的共同特点是，项目成果的委托人不是用户。产品研发类项目的管理过程可以分为项目申请阶段、研发过程阶段和项目成果鉴定阶段。项目申请阶段的目标是争取得到项目，因此，建立具有竞争力的项目团队很关键；研发过程阶段的主要工作是确定合理的技术路线，开展项目研究；项目成果鉴定阶段的主要工作是项目验收和成果交付。申请项目的过程可能要经过几轮筛选，但不需要经过招标。产品研发类项目主要是探索性的，在项目执行中没有太多可以借鉴的成功案例，因而有很多不确定的因素。项目目标一般并不是为实用而设定的。项目的需求主要由项目团队自行把握。要想使项目成果真正实用，还需要产品化的过程。另外，产品研发类项目的管理通常以目标管理为主，项目进度以里程碑管理为主。

1.5.2 半导体陶瓷电阻器制备项目的基本流程

半导体陶瓷电阻器是电子陶瓷材料制备的功能器件，通常具有温度敏感性，在电器设备、送电电网、传感器装置等系统中被广泛使用。

1. 氧化锌压敏电阻器制备工艺流程

氧化锌（ZnO）压敏电阻器的制备流程是典型的电子陶瓷器件的制备工艺，其一般工艺流程如图1.7所示。其主要工序包括：配料细磨、浆料制备、喷雾造粒、坯体成型、排胶、烧结、被银、焊接引线、包封、测试、标志等。

不同特性的氧化锌压敏电阻器，其配料大相径庭，通常情况下，其选用的材料包含：主材料ZnO，添加剂有 Bi_2O_3、Co_2O_3、$MnCO_3$、Cr_2O_3、SiO_2、$Al(NO_3)_3$、分散剂、黏合剂等，配方需要准确称量。

在氧化锌压敏电阻器的一般工艺流程中，配料细磨到烧结可以归结为瓷片制备工艺，后续工艺可以归结为装配工艺。可以看出，ZnO压敏电阻器的电性能主要由瓷片制备工艺决定，装配工艺起次要作用。

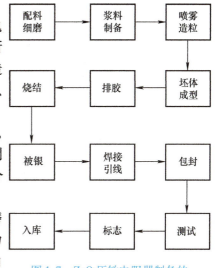

图1.7 ZnO压敏电阻器制备的一般工艺流程

2. 工艺参数

ZnO瓷片制备工艺包括以下4个因素：配方、浆料制备工艺、成型工艺、烧结工艺，其中成型工艺主要包括含水、压片。具体工艺参数如下：

细磨：采用湿法球磨。

排胶：在隧道炉内约450℃下进行。

烧结：烧结曲线如图1.8所示。

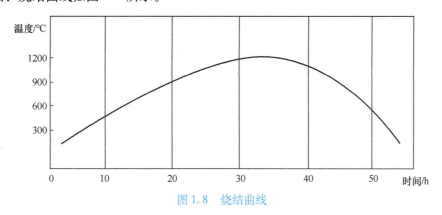

图1.8 烧结曲线

传统方法制作ZnO压敏电阻器选用的原料是以金属氧化物为主，用机械方法进行细磨达到磨细、磨均匀的目的。球磨机的转速、球磨时间会影响粉料的粒度和均匀性。图1.9为粉料粒度直径与球磨时间的关系，依靠延长球磨时间来提高混料效果是有限的。一般球磨时间控制在24~36h。

3. 喷雾热解法

喷雾热解法（Evaporative Decomposition of Solution，EDS）是利用各种组分元素的可溶性盐类，按一定比例配制成溶液，在喷雾分解的过程中完成煅烧、造粒等工序，形成金属氧化物的复合粉体。

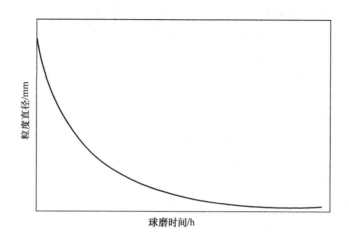

图1.9 粉料粒度直径与球磨时间的关系

这种方法制备 ZnO 压敏电阻器的工艺流程为：配料（溶盐配料）、细磨、烘干、过筛、煅烧（盐类热分解）、加胶、造粒、成型、排胶、排片、烧结、上电极、焊接引线、包封、测试等。各工序的说明及设备如下：

1）配料：使用精确到 0.01g 的托盘天平称量氧化物和带结晶水的盐，用量筒量取配好的 $Al(NO_3)_3$ 或有机溶液。

2）细磨：湿法球磨。

3）采用设备：聚乙烯有机球磨罐、锆球、球磨架等。

4）烘干：洗净大盘，出料，在电热鼓风干燥箱中烘干，温度在 80~100℃。

5）过筛：烘干料过 20 目、30 目、60 目筛。

6）煅烧：试验分 3 种最高温度 400℃、600℃、800℃，烧料装入 Al_2O_3 匣钵中，在高温箱式电阻炉内进行。

7）加胶：加入 PVA（聚乙烯醇），细磨 4h。

8）压片（成型）：采用干压成型工艺，干压密度为 $3.3g/cm^3$，压成后烧成直径为 10mm 的瓷片。

9）排胶：在隧道式排胶炉中进行。

10）排片：在高压匣钵中排片。

11）烧结：在推板式隧道炉中进行。

12）上电极：将瓷片涂上薄层 Ag 浆。

13）测试：用三参数测试仪测量。

14）焊引线：手工焊上镀锡铜线。

15）包封：采用环氧粉末热包封工艺。

16）通流测试：采用 8/20s 脉冲波发生器产生脉冲电流，同方向冲击瓷片两次，测试压敏电压变化。

1.5.3 半导体芯片制备项目的基本流程

1. 从材料制备到器件制备

集成电路（Integrated Circuit，IC）是由仙童半导体公司的罗伯特·诺伊思（Robert Noyce）和德州仪器公司（Texas Instruments）的杰克·基尔比（Jack Kilby）于 1959 年分别独自发明的。集成电路自问世以来，已经有了巨大的增长，是当今人类最复杂的系统工程之一。

集成电路的制备，从原材料到电子元器件，需要经过材料制备、芯片设计、芯片制造、封装测试等步骤才能完成，如图 1.10 所示。

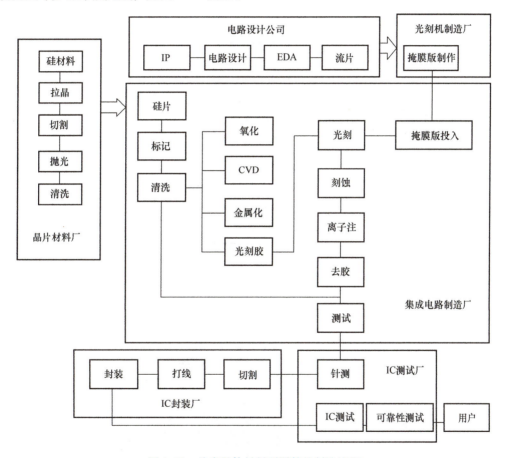

图 1.10　从半导体材料到器件的制造流程

2. IC 设计基本流程

IC 分为数字集成电路和模拟集成电路，不同的功能决定不同的设计过程，IC 设计的基本流程如图 1.11 所示，图 1.12 给出了用 L-edit 设计的版图示例。

3. IC 制造流程

IC 制造的核心是光刻，主要的步骤还有金属化、CVD、氧化、离子注入、刻蚀等，IC 制造的基本流程如图 1.13 所示。

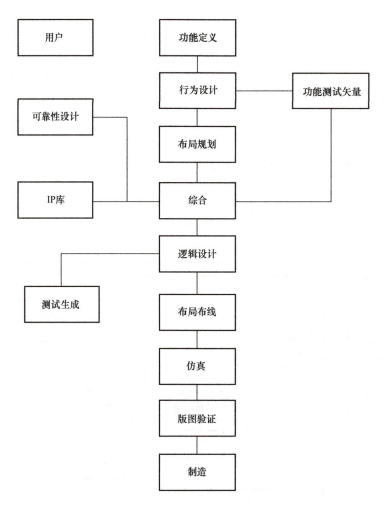

图 1.11　IC 设计的基本流程

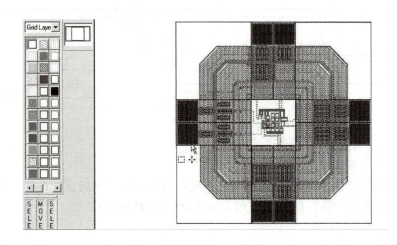

图 1.12　用 L-edit 设计的版图示例

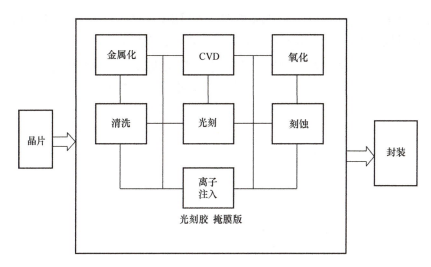

图 1.13 IC 制造的基本流程

光刻整个工艺过程有 7 道工序,一般包括涂胶、甩胶、前烘、曝光、显影、坚膜、打底膜。光刻的目的有

1)淀积的 SiO_2 层开窗口,为打标志、CVD 或离子注入提供 SiO_2 掩膜层。

2)淀积的 SiO_2 层和光刻胶掩膜层开窗口,为后续淀积金属的 Lift-off 工艺提供金属剥离的光刻胶掩膜层。

为淀积的 SiO_2 层开窗口的光刻胶要求具有一定的牢固度,在开窗时防止脱离和 HF 酸的钻蚀。

清洗是 IC 制备中简单而重要的工序,制备流程中需要多次对硅片进行清洗,对硅片的清洗一般依次用丙酮、甲醇、HF 酸、王水、去离子水等,并可加热和超声清洗。对 SiO_2 淀积后硅片的清洗可用甲醇、酸类、去离子水等,光刻后使用丙酮、去离子水等清洗并用 N_2 吹干。

1.5.4 印制电路板制备项目的基本流程

1. 材料和结构

印制电路板(Printed Circuit Board, PCB)作为电子元器件的支撑与载体,是系统级的电路设计,在材料、层数、流程上有多种形式,以满足电气设备、消费电子、仪器仪表等的多样化需求。

材料通常包含有机材料,如酚醛树脂、玻璃纤维、聚酰亚胺等;无机材料,如铝基板、铜基板。最新的研究成果有柔性电路板(Flexible Printed Circuit, FPC),其材质是聚氯乙烯树脂。

单面 PCB 的结构简单,器件集中在其中一面,导线集中在另一面上。单面 PCB 在设计电路时比较复杂,布线不能交叉。

双面 PCB 由 Top(顶层)和 Bottom(底层)组成,双面都覆有铜板,双面都可以布线焊接,中间为一层绝缘层,使用非常方便。

多层板具有多层内层，上面可以制备电路，外层用印刷蚀刻法制备，多层间用加热、加压的方法结合成板，图1.14给出了多层PCB的内层设计图形。

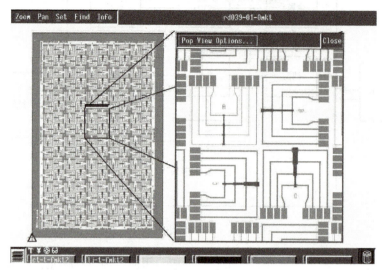

图1.14 多层PCB的内层设计图形

2. PCB的制备流程

PCB的制备工艺从覆铜板及金属箔蚀刻开始，到目前多层PCB技术的广泛应用，未来PCB生产制造技术将向着高密度、高精度、细孔径、细导线、细间距、高可靠、多层化、高速传输、质量轻、柔软型等方向发展。

印制电路板的制造技术水平一般以板上的线宽、孔径、板厚与孔径比值等为衡量标准，典型的PCB制备流程有：内层、压膜、曝光、显影、刻蚀、退膜、叠板、压合、钻孔、孔化、压膜、二次曝光、二次显影、镀铜锡、二次退膜、二次刻蚀、二次退锡、丝印、表面工艺等。图1.15a和b分别给出了一种用于功率放大器的PCB设计图和实物图。

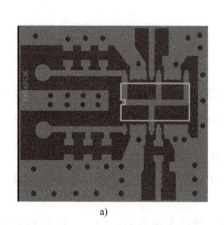

a)　　　　　　　　　　　　　　b)

图1.15 一种用于功率放大器的PCB设计图和实物图

a）设计图　b）实物图

叠板是制造多层PCB的工序，层数越多，越有利于布线，同时制板成本和设计难度也

会相应增加,叠板工序要合理安排各层电路的放置顺序,考虑因素主要有

1)特殊信号层的分布。

2)电源层和地层的分布。

PCB 表面工艺常见的处理方法有:喷锡(Hot Air Solder Leveling,HASL,即热风平整)、防氧化(Organic Solderability Preservatives,OSP)、化学沉金(Electro-less Nickel and Immersion Gold Process,ENIG)、电镀金等。

习　题

1. 说明项目、项目干系人、项目管理、项目管理系统、项目管理知识体系、决策、计划、5W1H 等概念。

2. 项目管理与企业日常管理的区别是什么。

3. 通过各种平台(如网络、图书馆、书店)查找电子元器件项目的有关资料,分析决策的重要性,给出项目决策的过程。

第2章　组　织　管　理

现在的年轻人必须了解组织，就如他们的先辈必须学习耕作一样。

——彼得·德鲁克（Peter Drucker）

组织的专业分工与技术训练是对成员进行合理分工并明确每人的工作范围及权责，然后通过技术培训提高工作效率。

——马克斯·韦伯（Max Weber）

组织机构的概念历史悠久，在古老的中国历史进程中一直发挥重要保障作用，同样在现代工业化社会中，所有社会活动都离不开组织，各种组织千差万别、形式多样。在不同类型的工程项目，需要设计不同的组织形式，以提高组织以达到有效管理，保障项目各个阶段的运作和最终的成功。

组织结构种类繁多，具有各自的优点和缺点，选用和设计组织模式是项目工作决策时的重要一步，在组织的运行中要扬长避短，发挥组织的功能，保证组织目标的实现，是组织设计的宗旨。

项目组织中的成员充分了解所在组织机构、熟悉组织文化，不仅对个人的职业发展非常重要，而且有利于通过融入组织的发展愿景中，提高自身能力和价值。

本章要求理解组织的含义及类型；了解组织结构，掌握组织论的基本内容；熟悉组织设计的内涵和原则，熟悉权责对等、命令统一等原则；掌握组织结构的基本类型、特点及发展趋势，熟悉各种不同组织构架的优缺点；了解电子元器件工程项目的常见组织形式，明确组织架构和岗位职责的关系。

2.1　组织论概述

为了有效管理工程项目，达到预期目标，必须使分散的个人、部门、集团等的工作整合运作，具有和谐的节奏和统一的方向，需要设计合理的组织结构以提供保障，在管理中形成有效的指令关系，明确元素、子系统和系统的工作任务和管理职能的分工，建立高效的工作流程。

2.1.1　组织论的组成

影响系统目标实现的"三大因素"包括组织、人的因素、方法与工具等，其中组织是决定性因素。控制项目目标的主要措施有4种：组织措施、管理措施、技术措施、经济措施等，其中组织措施是最重要措施。

第 2 章 组 织 管 理

组织论（Organization Theory）是与企业或项目管理科学密切相关的基础理论学科，是管理学的理论基础，项目的目标决定了项目的组织，组织是目标能否实现的决定性因素。组织论主要研究系统的组织结构模式、组织分工和工作流程等，组织论的基本内容见表 2.1。

表 2.1 组织论的基本内容

组织论	组织结构模式	职能组织结构
		线性组织结构
		矩阵组织结构
	组织分工	工作任务分工
		管理职能分工
	工作流程	管理工作流程组织
		信息处理工作流程组织
		物质流程组织

组织论的组织机构模式是组织类型，代表了组织的制度；组织分工是人员权责的分配，代表了岗位的管理范围、工作流程组织是指令关系，代表信息和物质流动的方向。

工作流程组织可以反映一个组织系统中各项工作之间的逻辑关系，是一种动态关系。在一个工程项目实施过程中，有不同的工作流程，可以分为管理工作的流程、信息处理的工作流程，以及设计工作、物资采购和制造流程等，这些流程的组织都属于工作流程组织的范畴。图 2.1 是一种典型的工作流程图。

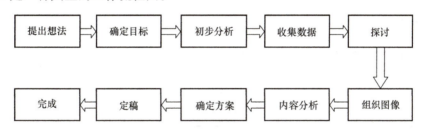

图 2.1 工作流程图

工作流程的制订要根据每个工程项目的特点，从多个可能的组织流程方案中确定，确立保证以下主要的工作流程关系：

1）准备工作流程，包括材料、设备、人员等。
2）项目设计流程，包括设计方案、工作程序、项目计划等。
3）项目招标流程，包括项目有关的各种招投标的计划与实施。
4）物资采购工作流程，包括项目有关的材料、设备等进场计划。
5）生产作业流程，即产品的生产工序。
6）管理工作流程，包括投资控制、进度控制、质量控制、安全管理、合同关系、信息管理、组织协调等。
7）信息处理流程，包括指令、执行、沟通、督查等。

在工程项目管理中，人力、物力、财力等因素是项目完成的保证，而组织能够将这 3 种因素的分散力量集聚起来，形成统一有效的合力。组织的效果能够超越其组成因素的简单叠加，这就是组织最重要的功能。

工作流程组织的内容是管理项目的各项工作流程，如投资控制、进度控制、合同管理、付款和设计变更等；信息处理工作流程组织，如与生成月度进度报告有关的数据处理流程；物质流程组织，如设备采购工作流程、项目材料采购工作流程、原料进场验收工作流程等。

设计组织的宗旨是完成组织的结构与职能关系，在一个组织的内部，每一位组成成员都按照自己已有的工作经验开展业务，而组织设计可以使组员相互配合，努力实现组织的共同目标。一个组织单元的有效运作要根据组织目标来编制组织结构的工作岗位职责与权限及成员间的关系，并设有监督机制。

一种成功的组织管理活动具有普遍规律，管理学认为组织活动可以由六步组成：第一步为企业目标；第二步为目标政策与计划；第三步把目标分解成可以执行的各项活动组合；第四步按组织的资源（人、财、物）分配到岗（职能划分）；第五步分配授权落实到人（岗位责任制）；第六步建立信息、指令、物质等组织运作方向，最终形成有机的充满活力的整体。有效的组织注重责权关系、沟通关系、反馈方式、检查机制等原则与过程的安排，如图2.2所示。图中控制属于检查监督机制。

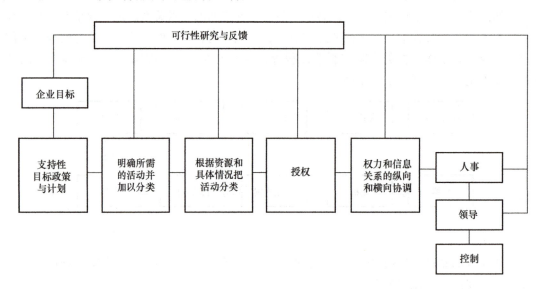

图2.2　一项管理活动的过程分解

组织关系就是工作关系，在管理实践中就是岗位的责任和权利，其要以实现组织目标为核心，确定所需要的所有活动，并按专业技术的分工原则进行分类，按类别设立相应的工作岗位，如设计部、制造部、销售部、信息部等。

基于组织的职能、外部环境和组织目标，划分与设立组织结构。按照岗位责任制，权利和责任相一致的组织机构，即职务、职位、岗位等组织元素，同时编制组织章程，从规章制度上建立和健全组织结构中的相互关系。在工程管理的实践中，要提高组织的活性（即适应能力），对外部、内部等各种风险的预防、反应、处理等能力，以及环境的适应能力。

2.1.2 组织结构的形成

1. 组织的结构

电子元器件工程项目是现代工业中最复杂、最专业的工作，代表了最先进的生产力，并伴随着机遇挑战和各种风险，在项目的生命周期中需要大量不同专业的人员，完成各自不同的专业工作任务，最终形成统一的项目目标，并同时进行风险控制。一个项目的组织结构是保证项目完成的基础，科学合理的组织可以使全员协调工作，达到最优绩效。

组织结构的本质是对成员的工作进行分工细化，即完成管理学中的整分合原则。现代高效率的管理必须在整体规划下明确分工，在分工基础上进行有效的综合，这就是整分合原则。该原则的基本要求是充分发挥各要素的潜力，提高企业的整体功能，即首先，要从整体功能和整体目标出发，对管理对象有一个全面的了解和谋划；其次，要在整体规划下实行明确的、必要的分工或分解；最后，在分工或分解的基础上建立内部横向联系或协作，使系统协调配合、综合平衡地运行。

管理的组织化来源于管理者的有效管理幅度，即管理的范围和力度。管理幅度决定组织的管理层次和结构。合理的设计组织分工或分解是关键，综合或协调是保证。整分合原则在项目管理中有重要的意义。整，就是项目领导（经理）在制定整体目标、进行宏观决策时，必须把各项管理工作作为整体规划的一项重要内容加以考虑；分，就是项目工作必须做到明确分工，层层落实，要建立健全管理组织体系和责任制度，使每个人员都明确目标和责任；合，就是要强化各个管理部门的职能，树立其权威，以保证强有力的协调控制，实现有效综合。

在工程项目中，组织可以这样来定义：设计一种组织结构框架（Organizational Breakdown Structure），为组织的成员（Organizational Enabler）创造一种适合于默契配合的工作环境，使组织的所有成员能在其中相互协作、有效地工作，执行组织可用于实现战略目标的结构、文化、技术或人力资源实践。

充满活力的组织应该可以激发组织成员的工作热情，认同组织文化，实现自身价值，从而达到最有效的管理。良好的组织能够帮助成员不仅完成工作任务，而且随着项目的推进，成就其个人的事业与使命，所以，组织的管理者要推动组织的文化建设，建立组织愿景。

2. 管理的幅度和层次

组织结构的建设本质上是实现管理者的有效管理，不同岗位级别的管理者的管理效果是由其管理幅度决定的。在组织管理学中，把管理幅度定义为管理者直接指挥和监督的下属数量。

管理幅度由项目大小、管理能力、管理时间等因素决定。如果项目管理的内容和复杂度是相同的，管理者能力越高、管理时间越长，管理效果越好。但是如前所述，人类的工程项目越来越复杂，任何管理者的能力、时间都是有限的，这就决定了管理者需要借助组织去完成项目管理工作。随着管理权力的分布式展开，高层管理者的工作由直接管理转变成协调管理，管理的人数变少，管理内容下移，而管理效果提高。所以，在组织中，高层管理者要有良好的协调工作的能力。

由管理幅度决定了组织结构的管理层次，当组织规模一定时，管理幅度和管理层次是反比关系，即高层管理者的管理幅度越大，管理层次越少，反之则相反。

为了提高管理的有效性，可设计不同的管理组织结构形态。

（1）扁平组织结构

在如图 2.3 所示的扁平组织结构中，如果管理幅度较大，管理层次可以较少，这样物质、信息的传递速度快，提高反馈原则，高层可以很快发现项目中的问题，信息不需要层层传递，由上级直接下达指令，减少失真，不会产生矛盾的指令。上级的管理幅度较大，对下属的约束相对较少，可以激发下属工作的积极主动性，发挥下属的主观创造性。这种结构的缺点是主管对下属的指导和监督受到限制，也许不能形成有效的管理。上层管理者的任务繁重，不利于战略决策。

（2）锥形组织结构

扁平组织结构的缺点是管理者的管理幅度太大，在管理实践中，这样的组织不利于提高管理效率。锥形结构的组织形态可以减小管理幅度，组织结构是金字塔状，如图 2.4 所示。在管理规模相同的情况下，锥形结构的组织管理层次较多，其优点和局限性正好与扁平结构相反。高层管理者的管理幅度较小，可以提高管理效率，有时间精力去指导监督下属的工作，而下属的管理权限相对较高，需要具备较高的素质，对下属的管理能力要求高。锥形结构组织的管理层次较多，物质、信息需要层层传递，可能造成上、下级沟通障碍；下层主管受到上级监督管理的时间长，缺乏工作的主动性。在项目管理实践中，这种结构在项目计划实施中的协调管理工作复杂，容易产生指令矛盾和指令失真。

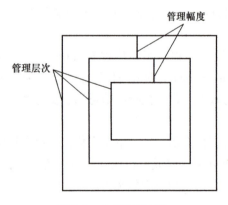

图 2.3　扁平组织结构

图 2.4　锥形组织结构

因此，组织结构的设计要尽可能地综合两种基本组织结构形态的优势，克服各自局限性。在编制组织结构时，要根据项目的实际情况，合理安排管理层次和管理幅度。在项目管理的实践中，管理幅度作为重点考虑的约束条件，它的影响因素有组织成员的工作能力、工作内容和性质、工作条件、工作环境等。

根据管理学的封闭原则，组织的任何一级成员都有其监管对象，作为主管，其工作能力是一种综合的能力，包括理解能力、表达能力，主管能够理解工作的主次、风险等要素，能够清晰准确地向下属传达指令，减少失真、提高效率；作为下属，必须具有强大的理解能力、执行能力、应变能力等，能够较快地理解指令，有执行的工作能力，有遇到与计划设计不同的意外时随机应变的能力。所以要求组织的成员具有较好的素质和良好的系统培训，组织成员的素质越高，组织的管理幅度设计越大。

不同的工程项目，其工作的内容和性质不同，其复杂度也不同。在项目的组织中，所有管理者都有两大类工作，即决策和指挥。组织管理者的层次越高，肩负决策职责越重，层次越低，负责指挥组织成员工作的任务越多。同时，作为项目的管理工作，有管理事务和非管理事务，管理层次越高，非管理事务就越多，如参加集团会议、其他各种活动等。在组织设计中，层次越高，管理幅度要越小。

组织成员的工作性质和内容相近，管理者的管理幅度可以设计的较大，例如，元器件的焊接工作，焊接生产线的管理者（线长）可以管理较多的员工，监督检查工作重复而容易展开。项目计划编制的越完善，各种风险考虑的越周全，管理者向下属的交底工作相对容易，完善的计划可以使管理幅度设计较大。

在组织设计中，可以设置助手、助理、秘书等岗位，对于一些常规性的指导管理工作，管理者不必参与，可以加大管理幅度。借助于先进的管理手段，如管理软件等信息技术，可以快速全面地处理数据、反馈信息、辅助分析，在项目实践中减少管理者的工作量。信息技术的实用可以增加管理者的管理幅度。

工程项目的组织机构、组织成员、工作环境、实施条件稳定，管理者和下属相互熟悉、了解透彻，项目实施的工作地点集中，在地理位置上不分散，这些因素都可以扩大管理幅度。

2.1.3 组织设计的任务

1. 项目管理岗位职能的划分

在项目管理中，根据项目的目标，把管理岗位分工体现在组织管理的结构中，编制项目管理职能分工表，首先应对项目实施各阶段的费用（投资或成本）控制、进度控制、质量控制、合同管理、信息管理和组织与协调等管理任务进行详细分解。管理职能分工表是用表格的形式反映项目管理班子内部项目经理、各工作部门和各工作岗位对各项工作任务的项目管理职能分工。管理职能分工表也可用于项目和企业日常的管理。从管理五环节：问题的提出问题-筹划-决策-执行-检查等顺序，可以提炼出管理职能中的各职能内容，如图2.5所示。

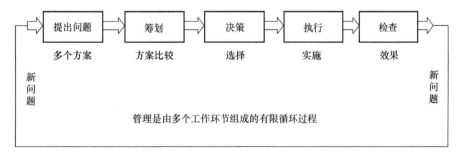

图 2.5 管理职能

2. 组织结构图与岗位职能

在项目管理的实践中，设计组织的结构是为了执行项目目标分解的职能，是项目管理工作的基础，组织的结构可以以一种树状图的形式对一个项目的计划内容进行逐层分解，在组织系统上反映组成该项目的所有工作任务，通过图解方式描述工作对象之间的相互关系，也就是一个组织系统中各组成部分（组成元素）之间的组织关系（指令关系），其中，上级工作部门对其直接下属工作部门的指令关系用单向箭头线表示，组织设计的任务是完成组织结构图和编制岗位章程，如图2.6所示。

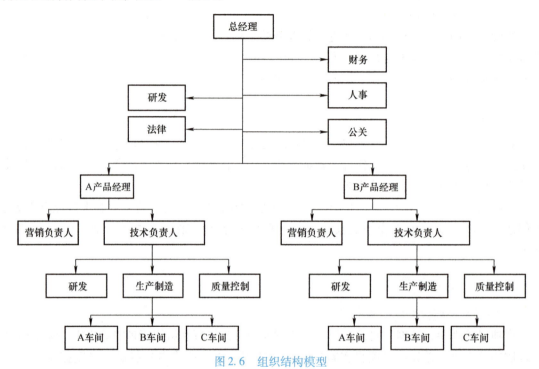

图2.6 组织结构模型

在一个组织结构图中，方框的内容表示各种项目管理岗位或相应的部门；箭头线表示指令的方向；通过箭头线将各方框连接起来，标明各种管理岗位或部门在组织结构中的地位及它们之间的相互关系。岗位职责要能够简单清晰地指出管理职务的工作内容、职责与权力、与组织中其他部门和岗位的关系等信息，以及要求担任该项职务者所必须拥有的基本素质、技术知识、工作经验、处理问题的能力等条件。

通常，组织设计通过3个步骤完成：

（1）岗位设计与分析

项目的组织结构图是自上而下进行设计的，随着环境的变化，在设计组织的变更时，也往往自上而下再次通过划分各个岗位职责而进行重新设计，但是要设计一个全新的岗位结构却需要从最基层的工作开始，组织的岗位设计是自下而上进行的。

首先明确实现组织目标所需要的基本职能，明确承担职能的各个部门之间的逻辑关系，岗位设计与分析是组织设计最基础的工作，岗位设计是在项目目标逐步分解的基础上，设计和确定组织内从事具体管理工作所需的职务类型和数量，分析担任每个职务的人员应承担的责任、应具备的素质要求。

（2）部门划分

根据工程项目的各个职务所从事的工作内容和性质及岗位间的相互关系，按照反馈原则和管理幅度，可以将各个岗位组合，组成一个专业管理单位：部门。根据项目实施活动的特点、组织环境和工作条件等因素的不同，划分部门所依据的标准不一样。对同一组织来说，在不同时期的背景中，划分部门的标准也可能不断调整。部门通常以职能来划分，如财务部、人力资源部、信息技术部、市场部等，这些部门内部的工作具有相似的流程，一个部门里的所有员工通常拥有相似的技能，尽管他们的技能水平有高有低。

电子元器件项目中，部门的设立与其工作内容和性质密切相关，受工作流程或生产工艺的制约，反映了制造业项目的工作特点。

（3）结构的形成

岗位设计和部门划分是根据项目工作的内容来进行的，同时还要根据组织内外能够获取的资源，如采购、咨询、技术支持等，对初步设计的部门和岗位进行调整，要求各部门、各职务的工作量基本相当，达到组织结构的合理分布，如果再次分析的结果证明初步设计是合理的，剩下的任务便是根据各自工作的性质和内容，规定各管理机构之间的职责、权限及义务关系，使各管理部门和岗位形成一个严密的网络。

2.2 组织结构模式

组织分工包含工作任务分工和管理职能分工，而组织结构模式就是反映一个组织系统中的这两种组织分工形式，是项目管理学中的重要基础理论知识。没有完美无缺的组织设计，常见的基本组织结构模式，如职能组织结构、线性组织结构和矩阵组织结构等，都有其各自的优缺点，在项目工程实践中，需要管理者灵活掌握，扬长避短。随着工程项目的发展，有时需要几种不同的组织结构组合到一起应用，并且随着新技术的推广，新的组织模式层出不穷。

2.2.1 组织设计的原则

不同的项目在资源环境、技术手段、战略决策和内容计划等方面千差万别，形成了独特的工作任务和管理职能，但是组织设计时，可以参考一些基本的普遍性原则，设计一个高效的组织形式，满足项目管理的要求。

美国管理学家哈罗德·孔茨（Harold Koontz）认为：组织结构的设计应该明确谁去做什么，谁要对什么结构负责，并且消除由于分工含糊不清造成的执行中的障碍，还有提供能够反映和支持企业目标的决策和沟通网络。

所以，任何组织设计的原则，最终都要满足组织分工。

1. 组织目标的原则

德国著名社会学家、哲学家马克思·韦伯认为：任何机构组织都应有确定的目标，机构是根据明文规定的规章制度组成的，并具有确定的组织目标。人员的一切活动，都必须遵守一定的程序，其目的是为了实现组织目标。

组织结构设计必须服从并服务于组织目标，组织在一定时期内所要实现和开展的阶段性目标和关键职能决定组织设计的结构。

2. 因事设职与因人设职相结合的原则

组织设计的根本目的是为了保证组织目标的实现，使目标活动的每项内容都落实到具体的岗位和部门，即整分合原则的应用，做到岗位责任制。组织设计中，要求首先考虑工作的特点和需要，基于工作而设立岗位，以岗位聘用人员；同时，在组织设计中要考虑人的因素，重视发挥人员的才能，做到因人而设岗。从人力资源的角度看，项目组织的人员往往是现有的和固定的，根据项目立项后的目标需求重新设计组织形式，在这样的情况下，考虑成员的工作能力和特点，以能级原则做到"才职相称"而设立岗位可以保证组织的有效管理。

根据管理学的动力原则，组织要能够发挥人的才能，帮助其实现个人提升，组织成员通过组织的工作来提高自己的能力、展示个人才华、实现自我的价值。项目组织通过项目实施培养了自己的员工，有利于建立一支高素质的队伍，提高企业或部门的工作能力。

3. 权责对等的原则

一方面，组织中的岗位是以职责和责任设立的，这是每个组织成员的义务，由组织章程明确描述。另一方面，岗位与权力是一致的，根据封闭原则，任何岗位都有监督的权力，在项目运行中，每个岗位都有与之相对应的对人力、物力、材料等资源的支配权，权力和义务（责任）在岗位工作中是相辅相成的，只有权力没有责任，或者只有责任没有权力，会造成组织成员的矛盾或任务难以落实、工作敷衍了事、责任心不强等弊端，都会让组织失去功能，最终无法实现项目目标。

良好运作的组织应设立义务和权力相一致的岗位职责，充分发挥每位组织成员的责任心和积极性，使全员具有敬畏心和荣誉感。

4. 命令统一的原则

经过严格培训的符合上岗要求的员工才能进入项目组织的团队中，他们工作所达到的高度与质量不仅来自其自身能力，还有外部的其他因素，如组织内资深的技术负责人或高层管理者的指导，在大多数工作时间内，组织中的成员按照自己的已有经验工作，当组织内有上一级的指令下达时，下属必须按照指令要求完成自己的工作。如果对一位下属下达的指令源有多个，而指令又相互矛盾，下属的工作会陷入困境，无所适从。

在组织设计中，要避免部门之间、岗位之间的指令混乱。如果在组织设计中，同一个岗位相同工作类型的指令源有多个，或者不同级别的高层越级下达指令，都会造成这样的指令混乱。这里的工作类型指技术、检验、采购等不同的工作性质，如项目组织中技术部门高级管理者或采购部门高级管理者对同一岗位下属下达的采购指令重复或矛盾，下属对多位主管领导的矛盾指令无权修改，又无法执行，甚至不能及时向上级汇报产生的工作问题，这样的组织指令设计会造成组织失去功能。

5. 稳定性与灵活性相结合的原则

每个工程项目都是独一无二的，世界上没有两个完全相同的项目，它们的各种工作都是一样的，如果存在两个相同的项目，那么在一个项目的生命周期内，其工作可以参考，或者完全照搬另一个。实际情况是，每个项目在实施的各个阶段都会存在与最初决策和设计不一样的环境、条件，需要随时变化项目的设计来应对新的问题，组织设计同样是这样。

在项目实施的工程中，组织是成功的保障因素，涉及全体部门、成员的工作，需要具有一定的稳定性，从而保证项目各项工作正常进行。项目不同阶段工作的连贯性决定了组织的稳定性，但是项目组织必须是一个开放的有机系统，随着项目的发展，目标和任务都会随着环境的变化而调整，组织也不是一成不变的，组织结构的稳定是相对的，是为项目和目标服务的，应该也必须具有一定的灵活性，使之能够随着环境、条件、目标等方面的变化而做出相应的调整。

在当今工程项目的实践中，人员流动性高，社会的需求和变化日新月异，项目的条件、环境和目标可谓一日千里。

2.2.2 组织结构设计

1. 组织结构的内容

如前所述，一个基本的组织结构应该能够完成岗位设置与管理指令。如果从组织的组成部门之间的逻辑关系出发，组织需要设置各个职能部门和不同的管理层次，以满足项目的有效运作及外部环境能力和信息的沟通，通过组织章程规范部门和层次之间相对稳定的逻辑关系。组织的运作保证项目的全体成员分工协作，在岗位范围、权力、职责等方面合规地扩展工作，通过组织的结构体系实现项目目标，通常，一个组织结构要包含以下内容：

（1）职能结构

职能结构是组织的岗位职责与权力，是项目目标划分到组织层面后，组织机构岗位所需完成的各项工作内容、比例比重和管理关系。

一个电子元器件工程项目的工作内容可以有制造、经营、技术、管理等不同的业务职能，各项工作任务都为实现项目的总体目标服务，但各部分的权责关系却不同。

（2）层次结构

层次结构就是组织的纵向结构，代表各种不同职能的权限大小，一般情况下，层次结构对应其组织成员能力的高低，这样就形成了一个自上而下的纵向组织结构层次。

项目组织层次的纵向结构通常是董事会总经理、职能部门、项目组等。

（3）部门结构

部门结构也就是组织的横向结构，通常代表权力和责任的对等、职能内容和性质的完全不同，部门往往被规划为一个整体，是开展业务的基础执行单元，部门内部的分工明确而完备，也存在不同的层次和管理关系。

电子元器件工程项目常常设立制造部、营销部、采购部等职能部门。

（4）职权结构

职权结构是组织结构中各层次、各部门在权力和责任方面的分工及相互关系，反映对项目人力、财力、物力等资源支配水平的大小。

项目的高层管理者有权限查阅项目执行过程中的各种文件、资料，而普通岗位的职员只能看到与工作有关的部分资料，没有权限接触到更多的项目文件。

2. 组织结构的类型

（1）线性组织结构

线性组织结构（Line Structure）通常被称为军队式结构，是一种从最高层到最低层垂直建立的组织结构形式，这是最早、最简单的一种组织结构形式，也是一种权限集中式的组织结构形式，其典型结构如图 2.7 所示。

线性组织结构的特点是组织结构中，各种岗位职务按照垂直模式线性排列，各级部门管理者执行统一指挥和管理职能，具有清晰的指令链。线性组织结构不设专门的职能机构，命

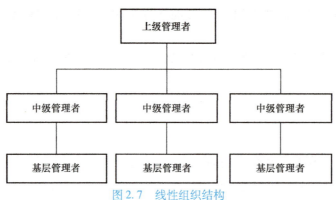

图 2.7　线性组织结构

令以直线方式下达,从最高层管理者经过各级管理人员,直至组织结构的最底层。组织结构中,每个职员仅接受最近的一个上级管理者的管理,仅对该上级负责和汇报工作,即如图 2.7 所示的单线联系,彻底服务于统一的指令、排他性的服务原则。

容易得出,线性组织结构的优点主要在于其设计简单、指令明确,组织机构的岗位设置简单,管理范围少,权限集中,指令统一,责任明确,管理成本低;线性组织结构的缺点是缺乏横向的协调机制,集中管理对高层管理者的个人能力要求较高,可能抑制下属的积极性和创造性。线性组织结构一般只适用于项目职员人数较少、制造和管理工作都比较简单、没有必要按照职能实行专门化管理的小型项目。在市场需求多变、环境条件易变的情况下,线性组织结构也可以用来快速应对紧迫性高、时间短、变化快的电子项目。

(2) 职能组织结构

职能组织结构(Functional Structure)也被称为 U 型组织结构,这种结构由管理学家弗雷德里克·温斯洛·泰勒(Frederick Winslow Taylor)提出,在美国费城的米德维尔钢铁公司(Midvale Steel Works)首次采用,并在组织管理实践中采用岗位工作量标准,使该企业的管理工作获得了巨大成功。职能组织结构以职能部门为核心展开各种工作,在组织结构中,除直线主管外,还基于专业内容的不同分工,设置相应的职能部门,每个职能部门都有权利根据相应的管理职责对下一级组织下达指令,直接管理下级工作,而每个下级要接受所有上级职能部门在各种业务范围内下达的指令和管理,形成联合交叉管理。职能组织结构的常见模式如图 2.8 所示。

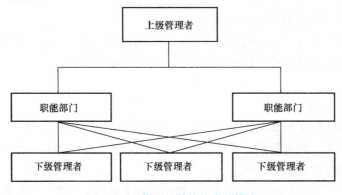

图 2.8　职能组织结构的常见模式

职能组织结构的优点表现在适应现代制造业技术复杂性和管理职能分工较细的特点，以职能为核心展开工作，提高组织管理的专业化程度，能够发挥各个职能机构的专业管理能力，并且减少了直线职能部门管理人员的管理范围。这种结构设置了多个管理指令源，容易造成管理混乱，当工作性质不明确时，不易区分各个上级职能机构的权限，在组织内部可能产生责任的推脱和权力的争取，同时组织结构中部门的横向联系缺失，在项目实施中没有有效的沟通机制，影响部门间的协同工作。

职能组织结构是直线制的发展。例如，创新创业的初创公司，职员可能就是几人，实行直线制，随着业务的成功，企业规模扩大，需借助专业人才来管理，老板聘请了专业人士来打理事业，逐渐形成了财务部门、营销部门、开发部门等职能机构。职能制多见于高等院校、设计院、图书馆、会计师事务所、研究所等，但由于该结构存在诸多限制，在实践中没有得到广泛推广。

（3）线性职能结构

线性职能结构（Line and Function Structure）以线性组织结构为基础，发挥线性组织结构和职能组织结构的优点，由法国管理学家亨利·法约尔（Henri Fayol）提出。线性职能结构的组织保持线性管理的统一指令模式，各个职能部门成为参谋机构，指令的下达保持单一，其他部门只是参谋管理，没有下达指令的权限，实现组织目标所需要完成的各种指令是直线模式，同时在参谋管理中保留了职能组织结构交叉模式。线性职能结构的常见结构模式如图2.9所示。

线性职能结构在项目实践中的应用是可以把组织结构中的生产、销售等职能部门设置成参谋机构，指令统一由项目负责人下达。

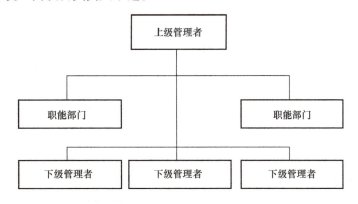

图2.9　线性职能结构的常见结构模式

线性职能结构既保持了线性组织结构的集中统一管理、决策指令下达迅速的优点，又保留了职能组织结构可以发挥专业管理职能作用的优点，职能分工详细，权力职责清晰，管理效率较高。线性职能结构具有较高的稳定性，在项目的外部环境变化不剧烈时，可以发挥组织的灵活性，提高工作效率。

在项目实践中，线性职能结构的缺点是组织的职能部门之间缺乏横向交流，增加了管理负责人的协调工作量，组织内信息传递过程的路线较长、信息反馈迟缓，不易迅速处理剧烈变化的新情况，本质上仍是一种典型的统一管理模式。

线性职能结构主要适用于简单稳定的环境和采用标准化技术进行常规性、大批量生产的场合，目前大多数企业，甚至机关、学校、医院等都采用此种结构，而对多品种生产和规模很大的企业及强调创新的企业来说，这种结构就不适宜了。

（4）事业部结构

事业部结构又被称为斯隆模式，由美国通用汽车公司前总裁艾尔弗雷德·斯隆（Alfred Sloan）提出，是一种基于分权式的组织结构，目前已经成为大型企业、集团、跨国公司都普遍采用的组织结构。生产经营单位根据产品或地区的差异，建立不同的、适应本地特色的经营事业部，公司总部和事业部各自独立运行，分别承担公司的战略决策和日常运营决策。本地的经营事业部接受总公司领导，与总部保持统一政策，但是在经营方式上分散经营、独立自主工作，承担独立核算、自负盈亏的原则。事业部结构如图2.10所示，给出了产品事业部和区域事业部的组织结构图。

事业部结构把最高管理部门设置为决策机构，组织的决策是统一的，在规则上保障决策的执行力，在业务经营上是分布式的，保障各个事业部的主动性和灵活性，使运营适应当地具体的实际情况。

事业部结构的缺点是组织机构重叠设置，增加组织管理费用，各个事业部可能基于自身利益而选择性地工作，缺乏事业部之间的协同工作，可能架空总部，对总部的管理控制能力要求较高。

事业部结构适用于规模较大的企业，并且其下属单位具有独立的产品、市场，是独立的利润中心。

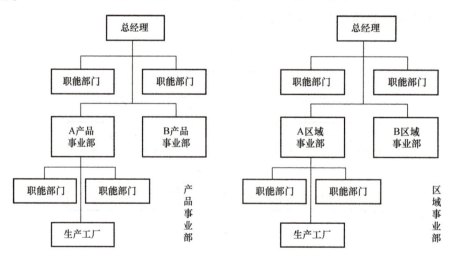

图 2.10　事业部结构

在实践中，事业部结构为了提高管理效率和控制力，在最高管理层与各个事业部之间增加一级管理机构，把各个事业部统一领导，构建超事业部结构。美国通用电气公司在1978年采用的超事业部结构示意图如图2.11所示。

（5）矩阵组织结构

矩阵组织结构（Matrix Structure）又被称为项目组织结构，这种组织结构在线性职能结构垂直组织管理的基础上发展而来，增加了横向的管理系统，即任务工作小组（团队），适

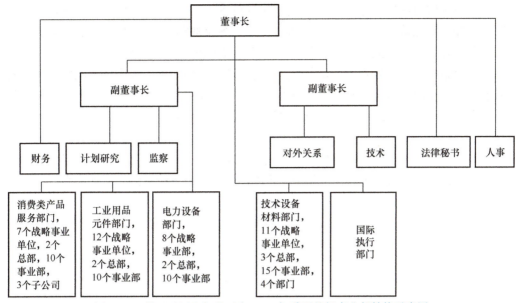

图 2.11　美国通用电气公司在 1978 年采用的超事业部结构示意图

合于专门从事工程项目开发工作的项目小组（团队）采用的组织形式。

和项目的属性一样，矩阵组织结构通常是一种临时性的组织结构，根据任务需要把各种人才集合起来，任务完成后工作小组（团队）就解散。矩阵组织结构专注于项目运行本身的工作面，而不是各个职能部门的工作。参加工作小组（团队）的成员一般要接受两方面的领导，即在工作业务方面，接受所属单位或部门的垂直领导；而在执行项目的具体任务方面，接受工作小组（团队）或项目负责人的领导，图 2.12 给出了一种矩阵组织结构。

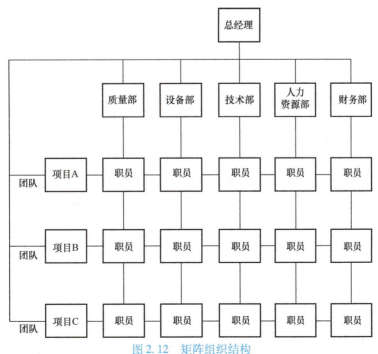

图 2.12　矩阵组织结构

矩阵组织结构的最高管理者（副总裁、项目负责人）具有很大的权力，具有组建项目任务团队、分配资源等，并专注于项目运行工作，各个职能部门（如会计部、采购部、设计部、设备部等）的负责人对最高层负责，向其汇报工作并接受其监督。

矩阵组织结构设置灵活方便，具有较强的应变能力，组织中的纵横结合的联结方式有利于各职能部门及职能部门与任务之间的协调沟通，可以充分整合各种组织资源。矩阵组织结构具有多个指令源，造成组织关系复杂，对岗位管理权限的界定要求较高。组织内岗位职责不清晰（某工作由谁来负责、某工作要向谁汇报），容易造成工作的延误。组织内可能会产生项目负责人和部门负责人对资源和工作优先级的看法不一致的情况，影响项目的运作。矩阵组织结构的临时性容易使成员在工作中产生不稳定感、组织成员的归属感不高、组织文化的确立具有挑战性。

为了加强项目管理，在矩阵组织结构的基础上发展了一种强矩阵组织结构，如图 2.13 所示。

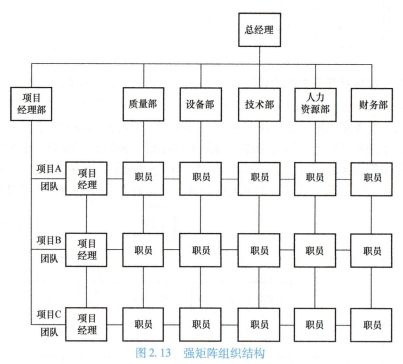

图 2.13　强矩阵组织结构

强矩阵组织结构突出项目的管理工作，项目负责人会比职能负责人拥有更大的权力，项目的开展可以获得更多资源，方便项目实施，在组织上更加容易协调成员的工作、分配项目资源，让团队成员专注于项目工作。在强矩阵组织结构中，团队成员可以跨部门发挥优势，施展才能。组织内成员在项目执业过程中可以从事多个部门的工作，将自己的职业生涯扩大，建立全面视角，提高个人能力，与时俱进。

因此，矩阵制较适用于大型协作项目及以开发与实验项目为主的单位（如大型运动会的组委会、电影制片厂、应用研究单位等）。

（6）多维立体结构

美国道康宁（Dow Corning）公司是世界最大的有机硅产品制造商，多维立体结构

(Multidimensional Structure)是由道康宁公司提出的。这种结构是立体管理,在一个二维平面内,参照矩阵制组织结构构建纵向的基于产品划分的事业部(产品利润中心)和横向的基于职能划分的专业参谋机构(专业成本中心),在第三维度,设置基于地区划分的专门机构(地区利润中心),如图2.14所示。

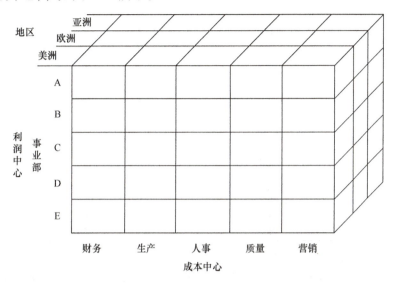

图2.14 多维立体结构

通过三维立体结构,把产品事业部、地区部门与参谋职能机构等的管理者的管理工作统一协调,可以达到及时沟通信息、集思广益、共同决策的管理目的,促使每个部门的工作都从整个组织的全局来考虑问题。

2.3 电子元器件工程项目的组织管理实例

一个制造业项目的完成,不能是"三边工程",即边设计、边采购、边制造,会造成项目周期长(没决策计划)、质量低(产品不确定、无组织保障)、成本高(资源浪费)等问题;也不能是"六拍工程",即拍脑袋(仓促决定)、拍肩膀(意气用事)、拍胸脯(自吹自擂)、拍桌子(大发雷霆)、拍屁股(溜之大吉)、拍大腿(无可奈何)等,应按照科学规律,开展各种项目工作,本节以某电子设备大厂的项目和某电子器件大厂的运营为例,重点突出组织结构上工作任务的说明和解析。

2.3.1 某电子设备大厂工程项目组织结构解析

通常情况下,工程项目要有决策和计划,通过项目的可行性报告,划分项目实施的各个阶段,明确各个阶段的工作程序及连接逻辑,通过组织分工保证项目运行。

本项目是国内某电子通信设备安装大厂的项目,其工作内容是为用户建设通信设备基站。项目管理流程:确认项目目标范围;明确项目里程碑(Landmark/Milestone,指阶段性任务);项目分解准备工作计划;质量控制指导书;项目进度计划;分项目组(区域)运作计划书;项目沟通策略等。

1. 项目管理工作的流程

（1）项目立项后的目标分解

在项目立项后，根据项目的决策和计划，把项目的目标进行分解细化，形成目标管理，项目目标管理内容分解见表2.2。

表2.2 项目目标管理内容分解

分解目标	项目目标确认								
	培训目标	安全目标	质量目标	工期目标	策略目标	沟通目标	服务目标	品牌目标
管理内容	项目流程	网络安全	文档质量	核心网工程	搬迁示范点	服务态度	项目管理	样板点建设
	网络优化	人员安全	网络质量	网规网优	项目交付流程	有效引导	割接保障	市场份额
	维护作业	施工安全	软件质量	无线工程	文档体系	分层分级	备件准备	市场地位
	工程建设	维护安全	硬件质量	供货时间	维护体系	渠道畅通	没有有效投诉	现网保障

（2）项目实施内容分解及细化

项目工作按实施阶段的目标进行分解，称为工作分解结构（Work Breakdown Structure，WBS），项目实施流程见表2.3。

表2.3 项目实施流程

	工作内容	输入	输出
开工前	投标	投标书、技术建议书、配置清单	技术方案、工期、责任矩阵
	成立项目组	项目干系人信息	项目组任命文件项目组通讯录
	工程策划	项目信息、合同、需求	主计划、工程实施方案、分工WBS
	工程勘测	合同信息、设计初步方案、BOQ	勘测报告
	工程设计	BOQ、技术建议书、实施方案	设计方案
	发货	配置请单BOQ、订单下发	发货清单、到货通知单
	二次环境检查	环境检查清单	二次环境检查表
	工前准备	合同信息、设计文件、主计划及里程碑	DR1评审材料、工程实施方案
开工后	开工	工程实施方案、工程技术方案	开工协调纪要
	开箱验货		装箱单
	硬件安装		示范站建设报告
	软件调测		硬件质量自检、调测记录
	工程质量检查	检查标准	质量检查报告
	初验	调测记录、竣工资料	初验报告
	业务割接	割接方案	运行报告割接记录表
	试运行	运行报告	试运行总结报告
	终验	转维报告、初验证书	终验证书

注：DR（Delivery Review）即交付审核；BOQ（Bill of Quantity）即数量单。

(3) 单一工作组织结构

每一项具体工作都要落实到人,如采购工作,落实到6种岗位中,包括采购执行长官(Chief Procurement Officer,CPO)、物料专家团领导、物料专家团成员、采购组领导、采购工程师、采购员等。图2.15给出了采购机构的组织结构,属于线性组织结构,指令传达清晰明确。

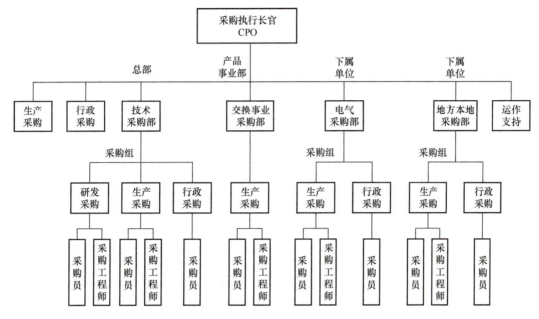

图 2.15　采购机构的组织结构

2. 项目计划与目标管理的对应

(1) 目标分解的阶段性管理

项目的最终目标不能一蹴而就,项目计划是项目实施中各阶段任务的分解,不同阶段需要完成各自阶段性的目标(里程碑),表2.4给出了项目目标计划大纲、范围和编号。

表 2.4　项目目标计划大纲、范围和编号

项目计划	目标及范围						
	目标范围确认→重大里程碑确认→活动分解准备工作计划→ 质量控制实施指导书→进度计划站点计划→(区域)分项目组运作						
	WBS编号	工作列表	输入	输出	责任人	相关人员	工作详细描述
前期准备	1.1	项目策划书	项目投标前期情况	项目策划书	AM	技术总负责人等	完成项目策划书等
	1.2	合同配置BOQ	合同、投标信息等	合同配置BOQ	市场产品经理	AM、市场人员等	合同签订审核等
	1.3	技术建议书	项目投标前期情况	市场技术建议书	市场产品经理	AM、市场人员等	合同签订审核等

（续）

项目计划	目标及范围					
	目标范围确认→重大里程碑确认→活动分解准备工作计划→ 质量控制实施指导书→进度计划站点计划→（区域）分项目组运作					
前期准备	1.4	客户拜访	关键客户需求	客户需求	AM	市场人员	市场书面展业书等
	1.5	合同交底会议	项目投标前期情况	合同交底会议纪要	AM、PM	产品部等	项目组入场工作
	1.6	分析理解合同	合同配置BOQ等	项目目标、范围文档	PM、技术总负责等	系统部等	目标细化
	1.7	确认项目需求	客户需求内部期望	草拟以上文档	分区域PM等	工程经理等	目标量化执行等
	1.8	会前交流修订	项目目标范围文档	同上（修订后）	PM	产品经理等	修订初稿

注：AM（Account Manager）即客户经理；PM（Project Management）即项目经理。

（2）项目的生命周期

如前所述，不同于公司的运营，项目是临时的，有开始与结束，被称为项目的生命周期。本项目的类型属于典型的电子设备安装工程，根据工程的特点进行各个阶段的划分，如图2.16所示，展示了工程项目交付全生命周期中基本的项目目标。

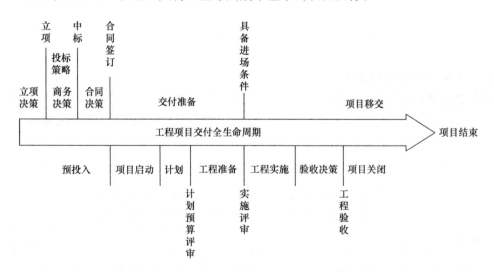

图 2.16　工程项目交付全生命周期中基本的项目目标

3. 工作内容分层与目标管理的对应

工作任务要明确分解到人，是整分合原则的运用，即岗位责任制，必须有考核依据（输出文件），表2.5给出了设备安装分项工作分解后的岗位负责人。

第2章 组织管理

表2.5 设备安装分项工作分解后的岗位负责人

分项名称	工作内容	输入文件	输出文件	负责人
工程技术方案准备	工程技术方案完成	搬迁工程技术方案	—	PM TAC
设备到货	货物预审	装箱单、发货特殊信息确认表	产品发货特殊信息确认	工程主管
设备到货	货物问题反馈	产品发货特殊信息确认表	问题反馈表、问题跟踪表	工程主管
设备到货	包装检查	—	装箱单	工程主管
硬件安装	开箱验货	装箱单	客户签字或问题反馈	工程主管
硬件安装	硬件安装	硬件安装关键点说明	硬件安装过程纪录表	工程主管
硬件安装	硬件自检	—	无线交换类产品硬件质量标准	工程主管
硬件安装	硬件验收	基站控制器验收手册	客户签字确认验收手册	工程主管
硬件安装	设备上电	开局指导书		工程主管
本局调测	版本确认	版本补丁实施建议列表		
本局调测	许可证核对	申请流程		

注：TAC（Technical Assurance Co-Ordinator）即技术保证协调员。

4. 组织结构与目标管理的对应

（1）工程项目业务实施组织结构（施工组织设计）

设计良好的组织可以保证项目沟通功能的实现，通过组织结构，保证项目实施过程中的各种业务目标的实现，符合信息的反馈原则，表2.6给出了强矩阵组织结构项目的业务交付例会，通过强矩阵组织结构实现了业务的有效沟通，图2.17描述了如何通过强矩阵组织结构分层分级的沟通交流机制。

表2.6 强矩阵组织结构项目的业务交付例会

例会	业务例会						
	PM	TD	合同专员	系统部	产品行销	CEG	研发
项目组或事业部例会	PM1	TD1	合同专员1	系统部1	产品行销1	CEG1	研发1
项目组或事业部例会	PM2	TD2	合同专员2	系统部2	产品行销2	CEG2	研发2
项目组或事业部例会	PM3	TD3	合同专员3	系统部3	产品行销3	CEG3	研发3
项目组或事业部例会	PMn	TDn	合同专员n	系统部n	产品行销n	CEGn	研发n

注：TD（Technical Documents）即技术文件；CEG（Commodity Expert Group）即商品专家组。

（2）工程项目管理组织结构

工程项目管理组织结构不仅反映项目内部各部门的指令关系，同时也要描绘项目工作中信息、资源等的流动方向，图2.18给出了工程业务全景图，可以看到物流平台、资源平台、沟通平台等业务在组织中的设立方式，也可以看到工程实施工作中有关业务的运作流程。

计划集成又称项目集成计划（Project Integration Plan），是指通过使用项目中的专项计划平台，如图2.18中的物流平台、客户沟通平台、采购平台等，运用综合集成的方法生成各种项目专项计划指导文件，用来指导项目实施和管理，是一种综合性高、具有全局性、高度协调性的计划指导书。

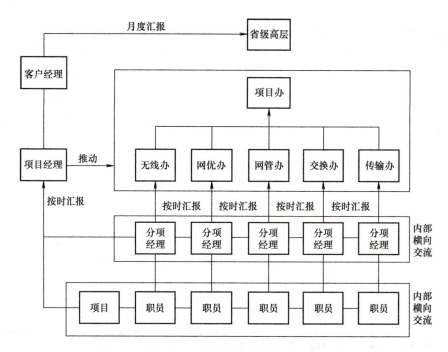

图 2.17　强矩阵组织结构分层分级的沟通交流机制

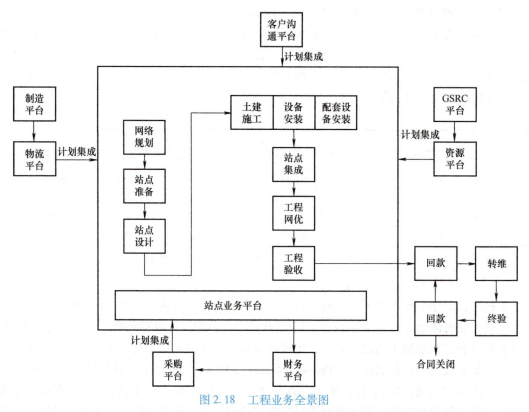

图 2.18　工程业务全景图

注：GSRC（Global Service Resource Centre）即全球服务资源中心。

2.3.2 某电子器件大厂组织结构解析

某电子器件大厂是生产电子产品、云端网络产品、电脑终端产品、电子元器件等四大领域内全球最大的电子科技智造服务商,近年来,在电动车、数字健康、机器人等三大新兴产业,以及人工智能、半导体、新世代移动通信等三项新技术领域发展迅猛,形成了"三加三"结合的公司长期发展策略。公司的组织运行非常成功,值得借鉴和学习。

1. 行政管理体系的组织结构

公司的日常运作事务和发展决策由行政管理体系负责,其组织结构如图 2.19 所示,表 2.7 给出了行政管理体系组织结构的部分岗位职责。

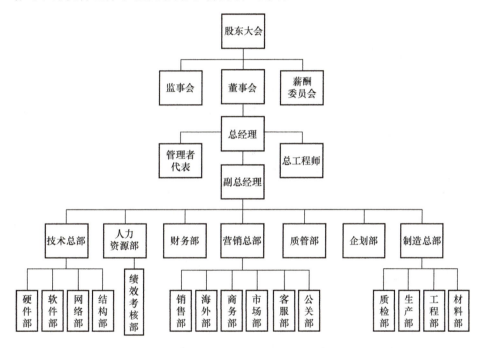

图 2.19 行政管理体系组织结构

表 2.7a 行政管理体系组织结构的部分岗位职责(第一部分)

机构	岗位权责	内 容
股东大会	工作权限	股东大会是公司的最高权力机构,决议公司重大生产经营决策、公司变更事项、公司资本变化事项及其他重大事项
	工作权责	修改公司章程;决定公司的经营方针;其他
	工作要求	各项活动符合相关法规的要求;其他
董事会	工作权限	向股东大会负责,制订公司经营相关的各项制度、计划和方案,在权限范围内行使经营管理决策权
	工作权责	制定公司的基本管理制度;决定公司内部管理机构的设置;其他
	工作要求	各项决议符合公司决策程序和规则的要求;其他

(续)

机构	岗位权责	内 容
总经理	工作目标	确保公司正常经营,不断提高公司业绩,促进公司长远发展
	工作权限	向董事会负责,在董事会授权范围内,全面负责公司经营的日常管理工作
	工作职责	负责公司的生产、质量、研发、营销等日常经营管理工作,组织实施执行董事会决议;其他
	工作标准	确保公司经营正常进行;其他

表 2.7b　行政管理体系组织结构岗位职责(第二部分)

机构	岗位权责	内 容
总工程师	工作目标	确保公司技术的先进性,不断提高技术水平
	工作权限	对公司日常技术研发和生产工作进行指导、监督和服务,确定产品开发方案,审核相关仪器、设备的购买请求,并负责开展技术培训;其他
	工作职责	导入先进的技术方法,决定公司的技术管理方针,指导技术总部制定技术开发制度;其他
	工作标准	方针正确,指导全面、有效;其他
人力资源部	工作目标	及时为公司招募、选拔、培养、储备与企业文化相融的适岗、高素质人才;确保公司内务、后勤工作顺畅有序,维护公司的规范和高效运作;其他
	工作权限	制订薪酬福利制度、绩效考核制度及其他相关人力资源管理制度,并组织、指导各部门实施;制订员工培训计划,组织开展培训项目;其他
	工作职责	制订招聘、选拔程序,组织从企业内部、外部招募、选拔各类人员,并做好后备干部及人才储备工作;其他
	工作标准	招聘渠道广泛,组织得当,人员需求达成率高,甄选严格准确;关键岗位有人才培养、储备计划;其他

2. 质量管理体系组织结构

公司质量管理体系由营销总部、企划部、制造总部、技术总部等组成,负责公司新产品开发可行性研究,结构、工艺设计及检测等任务,其组织结构如图 2.20 所示,表 2.8 给出了质量管理体系组织结构的部分岗位职责。

图 2.20　质量管理体系组织结构

表 2.8 质量管理体系组织结构的部分岗位职责

机构	岗位权责	内容
营销总部	工作目标	努力提高公司知名度和品牌形象,不断提高市场占有率,提高公司业务量和利润率,确保客户满意,维护良好的公共关系
	工作权限	制订营销相关各项计划,进行市场推广和市场调研,组织国内销售、海外销售,承接 OEM 订单,为客户提供多样化的服务;其他
	工作职责	市场推广:通过广告、促销等推广手段,通过各种媒体,利用各种资源,完成市场推广;其他
	工作标准	推广效果明显,有利于提高公司和产品知名度;其他
企划部	工作目标	通过对公司内部资源和外部环境的分析研究,明确公司战略方向和发展重点,为领导决策提供依据
	工作权限	对公司的战略规划、新产品开发、项目投资和企业合作等工作进行研究,设计操作方案,指导相关部门实施,对实施情况进行跟踪、反馈;其他
	工作职责	捕捉行业发展动态、技术发展方向,跟踪竞争对手发展态势,研究国内外优秀企业经营经验,建立信息库,定期或不定期提交分析报告;其他
	工作标准	信息搜集、整理及时,分析报告提交及时、内容真实可靠,有参照性和针对性;其他
制造总部质检部	工作目标	通过加强对原材料供应商的监控和管理降低元器件上机不良率和早期失效率;严格质检程序保证出厂产品质量,维护企业良好形象
	工作权限	按照质量管理制度的要求,积极而严格地执行零配件认定程序,确保上机元器件质量;其他
	工作职责	根据质量检验制度对半成品、成品的质量进行检验,对生产线的产品巡回检验,做出合格与否的结论,并办理质量证明文件;其他
	工作标准	准确率达到 99.50%,证明文件达到 100%;其他

注:OEM(Original Equipment Manufacturing)即原始设备制造。

3. 技术管理体系组织结构

公司技术管理体系由营销总部、企管部、制造总部、质管部等组成,负责公司新产品开发可行性研究,结构、工艺设计及检测等任务,其组织结构如图 2.21 所示,表 2.9 给出了技术管理体系组织结构的部分岗位职责。

图 2.21 技术管理体系组织结构

表 2.9 技术管理体系组织结构的部分岗位职责

机构	岗位权责	内容
技术总部	工作目标	为公司研发有市场竞争力的新产品
	工作权限	组织进行新产品硬件、软件、网络研究开发和结构、造型、工艺设计,组织新产品小批量试产;负责提出外购技术、仪器、设备的请求;其他
	工作职责	组织结构、工艺设计,组织结构、工艺检测,解决新产品试产和正常生产中出现的结构、工艺技术问题;其他
	工作标准	确保产品结构和生产工艺的合理性,及时解决生产中的结构、工艺问题、不断提高产品工艺水平;其他
质管部	工作目标	负责公司质量体系的推行及正常运行,制订有关质量准则,执行公司质量管理的各种活动
	工作权限	制订相关质量管理制度,对新产品研发进行阶段测试,协助处理质量事故,推进公司质量管理体系的有效运行和优化;其他
	工作职责	对质检部提交的从原材料进厂到产品出厂检验全过程的各种有关质量信息进行分析,规划应采取的改善措施;其他
	工作标准	每月分析,按时提交质量报告;其他
制造总部	工作目标	合理、科学地组织生产、采购,确保产品质量,满足销售需要,确保公司库存水平合理
	工作权限	制订生产、采购及其他相关计划,组织流水线设计、装配和改造,组织生产、采购和仓库管理,并负责组建制造队伍和相关文件管理
	工作职责	组织工程部进行流水线设计、装配、工艺落实和程序改造,并负责生产设备、仪器的管理;其他
	工作标准	流水线设计合理、顺畅,结构、工艺配合良好,设备、仪器状态良好;其他

习　题

1. 解释说明组织、管理幅度、管理层次、组织结构。
2. 直线组织结构和职能组织结构的优、缺点分别是什么。
3. 通过各种平台(如网络、图书馆、书店)查找电子元器件项目的有关资料,研究组织结构,给出不足之处。

第3章　成　本　管　理

强本而节用，则天不能贫。

——荀子（战国时期）

虽然任何项目在立项决策时，都会坚信此项目的意义重大，各方干系人希望得到项目的预期成果，但是为完成项目必须有各种付出，包括财务成本、经济成本、社会成本等，太大的成本可能会降低项目的可行性，威胁干系人的利益。项目管理的目标之一就是在不影响项目的实施、运作和完成的情况下，有效地分析和控制项目成本，科学地减少代价。

项目成本管理是在准确分析其成本构成的基础上，通过管理的有效程序保障项目实际发生的成本不超过项目预算，使项目在批准的预算范围内，按项目计划完成各阶段的目标。项目成本分析是成本管理的基础工作，需要做到事无巨细、准确完整。

项目成本管理工作的内容包括项目资源规划、项目成本估算、项目成本预算和项目成本控制等。首先，项目资源规划就是确定为完成项目工序，需用到何种资源（如人员、设备、材料等资源）及每种资源的需求量；然后，项目成本估算是编制为完成各工序所需资源的近似估算总费用；最后，项目成本预算是指精确估算项目总费用，并将其分配给项目的各项活动，项目成本控制就是控制项目预算的变更。

本章按项目成本管理过程的顺序依次讲解，首先讲述项目成本管理的基本知识，要求掌握成本分析的内容与意义，熟悉成本的分析方法；其次介绍成本计划的内容，掌握成本计划的编制；然后论述成本控制，学会成本控制的依据、程序和措施；最后通过案例学习电子元器件制造企业的成本组成，了解实际的成本控制管理方法。

3.1　成本分析

在项目管理的组织结构中，专门设有成本控制的职责部门机构，如成本管理部，负责项目成本的管理决策，明确在项目各阶段成本控制的重点和难点，制定项目的成本目标，并作为成本管理机构的考核内容，加强成本管理的过程和效果，实现项目管理的成本目标。

3.1.1　常用分析方法

1. 成本分析的基本内容

在项目实施过程中会产生成本水平与构成的偏差，成本分析就是依据有关资料研究造成偏差的各种因素及其生成原因，寻找降低成本的有效解决方案的过程。成本分析是成本计划的基础，也是成本控制的依据。

成本分析的依据有会计核算、业务核算和统计核算；会计核算是价值核算，是对已经发生的经济活动进行连续、系统、全面地反映；业务核算是按照不同业务部门的专业工作进行的核算，不仅针对已经发生的成本，还可以对尚未发生或正在发生的经济活动进行核算；统计核算是以实物量、价值量、劳动量等为计量单位，计算当前的实际成本水平，确定变动速度，预测发展的趋势。

在工程项目中，成本分析的内容有时间节点成本分析、工作任务分解单元成本分析、组织单元成本分析、单项指标成本分析、综合项目成本分析等，可以通过这些不同的分析内容得到工程实施过程中所需要的点、线、面上的各种成本参数，有利于成本管理。

通常情况下，成本分析可以通过以下步骤完成：第一步选择成本分析方法；第二步收集成本信息；第三步进行成本数据处理；第四步分析成本形成原因；第五步确定成本控制结果。

成本分析要通过计算找差距，分析原因，确定影响因素，制订改善措施，评定项目成本管理的好坏优劣，只有从成本分析对比中才能获得明确的成本概念。成本分析就是将实际达到的结果同某一标准相比较，对比的范围有很多，一般采用同预定目标、同计划或定额相比、同上期或历史最好水平相比、同国内外先进水平相比，但是分析比较必须是在性质、范围、时间等外部条件相同的情况下进行。通过成本分析，要找到偏差产生的原因，要分析清楚偏差产生的条件，制定改善措施。

2. 成本分析的常用方法

（1）单一分析方法

比较法也被称为指标对比分析法，是指对比经济技术指标，检查目标的完成情况，分析产生偏差的原因，进而寻找降低成本的方法。比较法主要进行三项对比：实际指标与目标指标对比；本期实际指标与上期实际指标对比；与本行业平均水平、先进水平对比。

因素分析法也被称为连环置换法，旨在分析各种因素对成本的影响大小。在进行因素分析时，首先假定众多因素中只有一个因素发生变化，其他因素保持不变，然后逐个替换，分别比较各个计算结果，从而确定不同因素的变化对成本的影响程度。

差额计算法可以认为是因素分析法的一种简化形式，其利用各个因素的目标值与实际值的差额来计算不同因素对成本的影响大小。

比率法在比较法的基础上发展而来，是指用两个以上指标的比值进行分析的方法。比率法的基本计算过程是先把对比分析的数值变成相互的比值，再观察其相互之间对成本影响的大小。常用的比率法有相关比率法、构成比率法、动态比率法等。

（2）综合成本分析方法

综合成本分析是指包含多种生产要素，并受多种因素影响的成本费用，如分部分项工程成本、月度成本、年度成本等。

分部分项工程成本分析是项目成本分析的基础，分析的对象是已完成的分部分项工程。分析的方法是进行预算成本、目标成本和实际成本的三算对比，分别计算实际偏差和目标偏差，分析偏差产生的原因，为分部分项工程成本寻找节约途径。分部分项工程成本分析所需的资料来源：预算成本来自投标报价成本；目标成本来自施工预算；实际成本来自施工任务单的实际工程量、实耗人工和限额领料单的实耗材料。

月度成本分析是施工项目定期的、经常性的中间成本分析,对于施工项目来说具有特别重要的意义。通过月度成本分析,可以及时发现问题。

年度成本分析的依据是年度成本报表。年度成本分析的内容,除了月度成本分析的六个方面以外,重点是针对下一年度的施工进展情况制订切实可行的成本管理措施,以保证施工项目成本目标的实现。

(3) 业务分析方法

人工费分析的主要内容:因实物工程量增减而调整的人工和人工费;定额人工以外的计日工工资;对班组和个人进行奖励的费用。

材料费分析的内容:主要材料和结构件费用的分析;周转材料使用费的分析;采购保管费的分析;材料储备资金的分析。

在机械设备的使用过程中,应以满足施工需要为前提,加强机械设备的平衡调度,充分发挥机械的效用;平时还要加强机械设备的维修保养工作,提高机械的完好率,保证机械正常运转。

现场管理费分析,也应通过预算或计划数与实际数的比较来进行。管理费包括管理人员工资、办公费、差旅交通费、固定资产使用费、工具用具使用费、劳动保险费等。

(4) 专项分析方法

针对与成本有关的特定事项的分析,包括成本盈亏异常分析、工期成本分析、资金成本分析等内容。

三同步检查可以通过五个方面的对比分析来实现:产值与工程任务单的实际工程量和形象进度是否同步;资源消耗与工程任务单的实耗人工、限额领料单的实耗材料、当期租用的周转材料和工程机械是否同步;其他费用(如材料价、超高费和台班费等)的产值统计与实际支付是否同步;预算成本与产值统计是否同步;实际成本与资源消耗是否同步。

3.1.2 成本构成及考核

电子元器件工程项目的成本分析属于项目决策阶段的主要任务之一,项目的管理部门根据项目决策制订成本目标。

1. 成本基本构成

不同的工程项目应具有不同的成本构成与内容,可谓千差万别,但是综合各种项目的成本支出,也可以得到相同的普遍规律,通常情况下,项目成本的构成可分为4个部分:

1) 项目定义与决策工作成本。
2) 项目设计成本。
3) 项目采购成本。
4) 项目实施成本。

按照具体的项目成本的科目不同,把成本分为

1) 人工成本,即各种劳力的成本。
2) 物料成本,即消耗和占用的物料资源费用。
3) 顾问成本,即各种咨询和专家服务费用。
4) 设备成本,有折旧费、租赁费等。

5）信息成本，有软件分析、设计计算等费用。

6）燃料动能费，有燃料（柴油、汽油）、水电、天然气等费用。

7）劳动保护费，即劳保用品，有饮料、劳动安全标志、安全手册及操作规程印制费等。

8）其他费用，如保险费、分包商的法定利润等。

9）不可预见费，为预防项目变更的管理储备费用。

工程项目的种类很多，有服务型（咨询）、设计型（版图）、研发型（新器件）、设施型（安装调试）等，大多数电子元器件工程项目以制造、安装、研发为主，可以用制造业成本分析的理论计算，制造成本由实物成本和制造费用两部分组成，理论的计算方法有

1）制造成本就是实物成本与制造费用的和。

2）实物成本就是原材料、外购件、半成品、辅助材料等费用的总和。

3）制造费用就是折旧费、直接人工成本、变动费用、共同费用等费用的总和。

4）变动费用就是燃料动能费、专用工具费、内废损失、质量保障费等费用的总和。

共同费用（Common Cost）是指各专业成本及管理部门共同负担的修理费、动力费和业务费等各项支出，当费用发生时，一般无法直接判定它所归属的成本计算对象，因而不能直接计入所生产的产品成本中去；内废损失（Internal Waste Loss）是指内部故障成本，又称内部损失成本，即产品在出厂前由于发生品质缺陷而造成的损失，以及为处理品质缺陷产品所发生的费用之和，如废品损失、返工损失、停工损失、产量损失等，这类成本一般与企业的废、次品数量成正比。

2. 成本考核的制订

制订详细的成本分析和管控计划是获得成本管理的有效途径，为了节约项目成本，在各个不同阶段，以保证完成目标计划所必须的资金成本为基础，按成本分析制订成本控制指标计划，并将此指标分解到每个部门、每个岗位加以保证，项目组织内部坚持成本控制的原则，按成本控制的程序进行成本管理，并监督成本控制计划的实施效果，建立考核机制。

成本考核的依据包括成本分析、成本核算、成本计划和成本控制的资料。成本考核的主要依据是成本计划确定的各类指标。

公司应以项目成本降低额、项目成本降低率作为对项目管理机构成本考核的主要指标，通过岗位职责划分，明确成本管理工作的负责人及其职责，对项目管理机构的成本和效益进行全面评价、考核与奖惩。同时建立反馈管理系统，了解成本计划执行中的各种信息，便于发现问题并及时调整，对执行结果进行监督。

3.2 成本计划

项目管理的组织机构根据项目的特点，负责制定项目成本管理计划，确保项目的有效实施。

3.2.1 成本管理的任务、程序和措施

在项目的各个阶段，随着项目的推进，项目的实施成本不断发生变化，实施成本是与项

目有关的各种费用的总和，有直接成本和间接成本，前者是直接用于生产的费用；后者指不可控费用，经过一段时间才能统计，如折旧费、消耗费等。

1. 成本管理的任务

成本管理的宗旨是在保证工期和质量满足项目计划的要求下，采取相应管理措施，包括组织措施、经济措施、技术措施、合同措施等，把成本控制在计划设定的范围内，并进一步寻求最大程度节约成本，成本管理的任务包括：成本分析、成本计划、成本核算、成本控制等。

成本计划是以货币形式编制施工项目在计划期内的生产费用、成本水平、成本降低率及为降低成本所采取的主要措施和规划的书面方案。

在编制成本计划时，应遵循以下原则：从实际情况出发；与其他计划相结合；采用先进技术经济定额；统一领导、分级管理；适度弹性。

成本控制，是在施工过程中，对影响成本的各种因素加强管理，并采取各种有效措施，将实际发生的各种消耗和支出严格控制在成本计划范围内。

成本核算有两个基本环节，一是按照规定的成本开支范围对施工成本进行归集和分配，计算出施工成本的实际发生额；二是根据成本核算对象，采用适当的方法，计算出该施工项目的总成本和单位成本。

成本分析是在成本核算的基础上，对成本的形成过程和影响成本升降的因素进行分析，以寻求进一步降低成本的途径。

成本考核，是指在项目完成后，对项目成本形成中的各责任者，按项目成本目标责任制的有关规定，将成本的实际指标与计划、定额、预算进行对比和考核，评定施工项目成本计划的完成情况和各责任者的业绩，并以此给予相应的奖励和处罚。

2. 成本管理的程序

1）掌握生产要素的价格信息。
2）确定项目合同价。
3）编制成本计划，确定成本实施目标。
4）进行成本控制。
5）进行项目过程成本分析。
6）进行项目过程成本考核。
7）编制项目成本报告。
8）项目成本管理资料归档。

3. 成本管理的措施

为了取得成本管理的理想成效，应从多方面采取措施实施管理。

一方面，组织措施是从成本管理的组织方面采取的措施。成本控制是全员的活动，如实行项目经理责任制。落实成本管理的组织机构和人员，明确各级成本管理人员的任务和职能分工、权力和责任。成本管理不仅是专业成本管理人员的工作，各级项目管理人员都负有成本控制责任。另一方面，组织措施是编制成本控制工作计划、确定合理详细的工作流程。

施工过程中降低成本的技术措施：进行经济技术分析，确定最佳施工方案；结合施工方法，进行材料使用的比选，在满足功能要求的前提下，通过代用、改变配合比、使用外加剂等方法降低材料消耗的费用；确定最合适的施工机械、设备使用方案；结合项目的施工组织设计及自然地理条件，降低材料的库存成本和运输成本；应用先进的施工技术，运用新材料，使用先进的机械设备等。

经济措施是最易为人们所接受和采用的措施，包括编制资金使用计划，确定、分解成本管理目标。对成本管理目标进行风险分析，并制订防范性对策。对各种支出，应做好资金的使用计划，在施工中严格控制各项开支。及时准确地记录、收集、整理、核算实际支出的费用。对各种变更，及时做好增、减账，及时落实业主签证。通过偏差分析和未完工程预测，发现潜在的可能引起成本增加的问题，以主动控制为出发点，及时采取预防措施。

成本控制的合同措施应贯穿合同谈判开始到合同终结的整个合同周期。如对各种合同结构模式进行分析、比较，在合同谈判时，争取选用适合本工程的合同结构。对于合同条款，应仔细考虑一切影响成本和效益的因素，特别是潜在的风险因素。通过对引起成本变动的风险因素的识别和分析，采取必要的风险对策，并最终将这些策略体现在合同的具体条款中。在合同执行期间，既要密切注视对方合同执行的情况，以寻求合同索赔的机会；同时，也要关注自己的履约情况，以防被对方索赔。

3.2.2 成本计划的编制

1. 成本计划的类型

成本计划按照其发挥的作用可以分为以下三类：竞争性成本计划，是工程项目目标及签订合同阶段的估算成本计划；指导性成本计划，是选派项目经理阶段的预算成本计划，是项目经理的责任成本目标；实施性成本计划，是项目工程准备阶段的工程预算成本计划，是以项目实施方案为依据、以落实项目经理责任目标为出发点，采用企业中工程定额通过工程预算的编制而形成。

工程预算是对工程项目在未来一定时期内的收入和支出情况所做的计划。工程预算可以通过货币形式来对工程项目的投入进行评价并反映工程的经济效果，是加强企业管理、实行经济核算、考核工程成本、编制施工计划的依据。

工程预算的编制依据：会审后的工程图样、设计说明书和有关标准图；工程的组织设计或工程方案；工程图的预算书；现行的工程定额，材料预算价格，人工工资标准，机械台班费用定额及有关文件；工程现场实际勘察与测量资料，如工程地质报告、地下水位标高等；建筑材料手册等常用工具性资料。

工程预算的编制方法：熟悉施工图样、施工组织设计及现场资料；熟悉施工定额及有关文件规定；列出工程项目，计算工程量；套用定额，计算人工、材料、机械台班费用并进行工料分析；单位工程的人工、材料、机械台班消耗量及其汇总量；进行两算（施工图预算和施工预算）对比分析；编写编制说明并填写封面，装订成册。

工程图预算和施工预算的对比，两者编制的依据不同，分别是施工定额和预算定额；适用的范围不同，分别是施工单位和施工及建设单位；发挥的作用不同，分别是施工和投标报价。

2. 成本计划的编制依据和编制程序

成本计划的编制依据是合同文件、项目管理实施规划、相关设计文件、价格信息、相关定额、类似项目的成本资料等。

成本计划的编制程序：预测项目成本；确定项目总体成本目标；编制项目总体成本计划；项目管理机构与组织的职能部门，根据其责任成本范围，分别确定自己的成本目标，并编制相应的成本计划；针对成本计划制订相应的控制措施；由项目管理机构与组织的职能部门负责人分别审批相应的成本计划。

3. 成本计划的编制方法

按成本组成编制成本计划的方法，施工成本可以按成本构成分解为人工费、材料费、施工机具使用费和企业管理费等，在此基础上，编制按成本构成分解的成本计划。

按项目组成编制成本计划的方法，首先要把项目总成本分解到单项工程和单位工程中，再进一步分解到分部工程和分项工程中。在完成项目成本目标分解之后，接下来就要具体地分配成本，编制分项工程的成本支出计划。

按工程实施阶段编制成本计划的方法，在时标网络图上按月编制成本计划。利用时间成本累计曲线，即S形曲线，表示成本计划。

3.3 成本控制

3.3.1 成本核算

成本核算是指针对生产经营过程中发生的各种费用，根据不同的科目进行分类计算，得到总成本和单位成本的指标，成本核算是成本管理的重要组成部分，是项目实施过程的决策和成本预测的最重要依据。成本核算是会计核算（实际发生的、能够引起资金增减变动的经济活动），审核项目已发生的费用是否应当计入产品成本，计算各种产品的总成本和单位成本，实现对产品成本的直接管理和控制。

1. 成本核算的原则、依据、范围和程序

成本核算的原则应遵循分期核算原则、相关性原则、一贯性原则、实际成本核算原则、及时性原则、配比原则、权责发生制原则、谨慎原则、划分收益性支出与资本性支出原则、重复性原则。

成本核算的依据：各种财产物资的收发、领退、转移、报废、清查、盘点资料；与成本核算有关的各项原始记录和工程量统计资料；工时、材料、费用等各项内部消耗定额及材料、结构件、作业、劳务的内部结算指导价。

工程企业在核算产品成本时，成本核算的范围一般是按照成本项目来归集企业在施工生产经营过程中所发生的应计入成本核算对象的各项费用。其中，人工费、材料费、机械使用费和其他直接费等属于直接成本费用，直接计入有关工程成本。间接费用可先通过费用明细科目进行归集，期末再按确定的方法，分配计入有关工程成本核算对象的成本。

成本核算的程序：对所发生的费用进行审核，以确定应计入工程成本的费用和计入各项期间费用的数额；将应计入工程成本的各项费用区分为哪些应当计入本月的工程成本、哪些应由其他月份的工程成本负担；将每个月应计入工程成本的生产费用在各个成本对象之间进行分配和归集，计算各工程成本；对未完工程进行盘点，以确定本期已完工程的实际成本；

将已完工程成本转入工程结算成本，核算竣工工程实际成本。

2. 成本核算的方法

成本核算要正确划分各种费用科目的支出，包括各种收益支出、资本支出、营业外支出等，准确划分本期产品成本、下期产品成本的界限和不同产品成本的界限等。根据生产经营单位的制造特点和管理要求，选择适当的成本计算方法。成本核算的常见方法有表格核算法、会计核算法、品种法、分批法和分步法，此外还有分类法、定额法等。

成本核算的组织结构如图 3.1 所示。

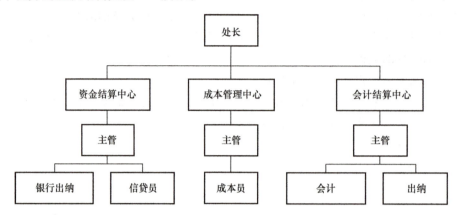

图 3.1　成本核算的组织结构

成本核算是项目成本管理计划的重要依据，成本管理计划制定了当费用发生偏差时如何处理的方式。项目成本控制是基于费用基准、绩效报告、变更申请和成本管理计划的控制。在项目实践中，绩效报告提供了费用执行情况的信息，变更申请可以采取直接或间接的形式，也可以是口头或书面的形式，充分反映了工程工作的灵活性。

3.3.2　成本控制的依据和程序

项目成本管理的主要目的是对项目进行成本控制，将项目的运行成本控制在预算范围内或者在可接受范围内，以便在项目失控前及时采取措施加以纠正项目。成本控制的实质是对成本正、负偏差进行监控，分析偏差产生的原因，及时采取措施，确保项目朝着良好的方向发展。对以项目为基本运营单元的企业或组织来说，项目成本控制的能力直接关系到企业的利润水平，所以，做好工程项目组织的管理工作都应重视项目成本控制。

1. 成本控制的依据

成本控制的依据：工程承包合同、成本计划；进度报告；工程变更与索赔资料；各种资源的市场信息等。

2. 成本控制的程序

成本的过程控制中，管理行为控制程序是对成本全过程控制的基础，指标控制程序是成本进行过程控制的重点。

1）管理行为控制程序。管理行为控制程序就是为规范项目成本的管理行为而制订的约束和激励机制，内容如下：建立项目成本管理体系的评审组织和评审程序；建立项目成本管理体系运行的评审组织和评审程序；目标考核，定期检查；制订对策，纠正偏差。

2）指标控制程序。项目成本指标控制程序：确定成本管理分层次目标；收集成本数据，监测成本形成过程，在施工过程中要定期收集反映施工成本支出情况的数据；找出偏差，分析原因；制订对策，纠正偏差；调整改进成本管理方法。

3.3.3 成本控制的方法

1. 成本的过程控制方法

成本的过程控制包括人工费的控制、材料费的控制、施工机具使用费的控制。

人工费的控制实行"量价分离"的方法。加强劳动定额管理，提高劳动生产率，降低工程耗用人工工时，是控制人工费支出的主要手段。

材料费的控制按照"量价分离"原则，分为材料用量的控制和材料价格的控制。

施工机具使用费的控制主要控制台班数量和台班单价。

2. 赢得值（挣值）法

为了计算方便，根据工程成本在时效性上的来源，设定3个成本的概念，即赢得值法的3个基本参数：已完成工作预算费用（Budgeted Cost of Work Performed，BCWP）是指实际完成工作的预算成本；计划工作预算费用（Budgeted Cost of Work Scheduled，BCWS）是指计划工作的预算成本；已完成工作实际费用（Actual Cost of Work Performed，ACWP）是指完成工作的实际成本。

赢得值法三参数的计算方法如下：

1）已完成工作预算费用（BCWP）就是已完成工作量与预算单价的乘积。
2）计划工作预算费用（BCWS）就是计划工作量与预算单价的乘积。
3）已完成工作实际费用（ACWP）就是已完成工作量与实际单价的乘积。

赢得值法的评价曲线如图3.2所示。赢得值法的4个评价指标如下：

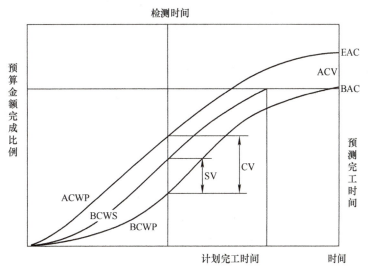

图3.2 赢得值法的评价曲线

（1）费用偏差

费用偏差（Cost Variance，CV）就是已完成工作预算费用减去已完成工作实际费用。

CV 值的意义：当费用偏差为负值时，即表示项目运行超出预算费用，即实际费用超出预算费用。

（2）进度偏差

进度偏差（Schedule Variance，SV）就是已完成工作预算费用减去计划工作预算费用。

SV 值的意义：当进度偏差为负值时，表示进度延误，即实际进度落后于计划进度。

（3）费用绩效指数

费用绩效指数（Cost Performance Index，CPI）就是已完成工作预算费用除以已完成工作实际费用。

CPI 的意义：当费用绩效指数 <1 时，表示超支，即实际费用高于预算费用；当费用绩效指数 >1 时，表示节支，即实际费用低于预算费用。

（4）进度绩效指数

进度绩效指数（Schedule Performance Index，SPI）就是已完成工作预算费用除以计划工作预算费用。

SPI 值的意义：当进度绩效指数 <1 时，表示进度延误，即实际进度比计划进度拖后；当进度绩效指数 >1 时，表示进度提前，即实际进度比计划进度快。

费用（进度）偏差反映的是绝对偏差；费用（进度）绩效指数反映的是相对偏差。偏差仅适合对同一项目做偏差分析，绩效系数在同一项目和不同项目中都可以采用。

3. 偏差分析的表达方法

（1）横道图法

横道图法是用不同的横道标识出已完成工作预算费用、计划工作预算费用（BCWS）和已完成工作实际费用，横道的长度与其金额成正比。

（2）表格法

表格法是进行偏差分析的最常用方法。它将项目编号、名称、各费用参数及费用偏差数综合归纳入一张表格中，并且直接在表格中进行比较。

（3）曲线法

曲线法是在项目实施过程中，以三条曲线，即计划工作预算费用、已完成工作预算费用、已完成工作实际费用曲线，采用赢得值法进行费用、进度综合控制，还可以根据当前的进度、费用偏差情况，通过原因分析，对趋势进行预测，预测项目结束时的进度、费用情况。

4. 偏差原因分析与纠偏措施

（1）偏差原因分析

从项目实施的人、财、物等资源角度分析制造业项目成本，可以得到成本分析的资源鱼骨图，如图 3.3 所示。其中，人工成本受工作环境、熟练度（劳动生产率）、情绪、责任感等影响。如当人工的责任感比较弱时，废品率可能增加，使制造成本增加，造成成本的偏差。

一般来说，产生费用（成本）偏差的原因非常复杂，有多方面原因，从项目的全流程分析，常见的费用（成本）偏差原因见表 3.1。

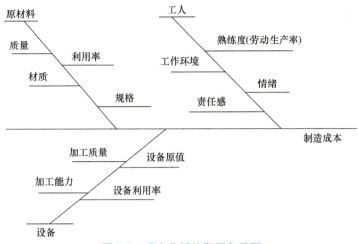

图 3.3 成本分析的资源鱼骨图

表 3.1 费用（成本）偏差原因

费用偏差原因	物价上涨	人工涨价
		材料涨价
		设备涨价
		利率、汇率变化
	设计原因	设计错误
		设计漏项
		设计标准变化
		设计保守
		图样提供不及时
		其他
	业主原因	增加内容
		投资规划不当
		组织不落实
		建设手续不全
		协调不佳
		未及时提供场地
		其他
	施工原因	施工方案不当
		材料代用
		施工质量有问题
		赶进度
		工期拖延
		其他
	客观原因	自然因素
		基础处理
		社会原因
		法律法规政策变化
		其他

（2）纠偏措施

纠偏措施是指通常要压缩已经超支的费用，而不影响其他目标是十分困难的，一般只有当给出的措施比原计划已选定的措施更为有利。如使工程范围减少或生产效率提高等，成本才能降低。

3.4 电子元器件工程项目的成本管理实例

3.4.1 电子元器件制造企业的芯片成本分析

1. 生产利润与芯片产品数

在制造企业的生产成本指标管理中，单位成本（Cost Per Unit，CPU）是一个非常重要的指标，在实际工厂管理中，成本科目比较多，如单台人工成本、单台能耗、单台机物料消耗等。

单位成本指标反映了生产某一产品过程的耗费，通过将单位成本与销售价格进行比较，计算其所产生的效益，从而判断是否继续生产该产品或分析其成本是否合理、有无浪费和成本下降的空间。通过对产品单位成本的计算，可对企业的产品生产进行分析和决策，计算产品的单位边际贡献值。

1）单位边际贡献值就是销售单价减去单位可变成本。
2）单位边际贡献率就是单位边际贡献除以销售单价。
3）可变成本率就是单位可变成本除以销售单价。

可以得到：

1）边际贡献率与可变成本率的和是1。
2）产品保本点的销售量就是可变成本除以边际贡献率。

如果企业生产的产品边际贡献值小于可变成本，就出现亏损，如此长期下去企业就会倒闭。企业的利润就是产品边际贡献超过可变成本的数值，企业产品保本点的计算示意图如图3.4所示。

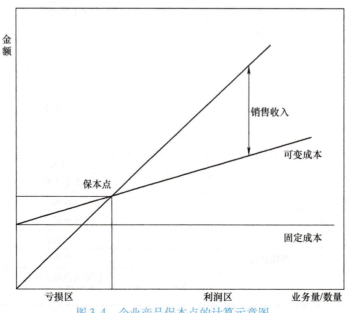

图3.4 企业产品保本点的计算示意图

量产和需求量大是企业盈利的两大因素，电子元器件制造作为投入巨大的行业，市场需求一直是企业的重要决策因素。

以某日本芯片制造大厂的 256M DRAM（Dynamic Random Access Memory，动态随机存取存储器）生产为例，器件的晶圆尺寸是 300mm（11.8in[⊖]）、制造工艺为 0.18μm，产能为 3 万片/月，产品的单片价格为 4 万日元，根据企业的芯片成本，计算得出每片晶圆约为 1035 日元。在成本管理上，为降低芯片成本，企业制订的盈利目标包括降低设备价格、提高晶圆合格率、降低人工培训学习成本等。

2. 芯片成本

半导体器件的制备流程在前面已经讲过，本章从成本管理的角度来分析。芯片的成本计算包括固定成本和可变成本，成本计算如下：

$$总成本 = 固定成本 + 可变成本$$

其中，固定成本包括 IP License 费用（固定转让费）、EDA 工具费用、服务器费用、流片的光刻费用、FPGA 开发板及测试仪器费用、封装测试费用、所有研发人员工资、市场、销售、房租、公司日常运营的费用等，芯片总成本的分解见表3.2。

表 3.2 芯片总成本的分解

	成本类型	科目	内容
芯片总成本	固定成本	信息费	IP License 费用
		信息费	EDA 工具费用
		服务费	服务器费用
		设备费	流片的光刻费用
		工艺费	FPGA 开发板及测试仪器费用
		设备费	封装测试费用
		人工费	研发人员工资
	可变成本	信息费	IP Royalty 费用
		工艺费	封装成本
		工艺费	芯片成本

如图 3.4 所示，固定成本与芯片的生产量无关，而可变成本与产品的生产量成正比。注意：生产量是企业的生产能力，即产能，不是销售量（即产品的售出数量）。芯片可变成本的计算方法如下：

可变成本就是每片芯片的可变成本与芯片生产量的乘积。

每片芯片的可变成本包括 IP Royalty 费用（版税，按每个芯片收取的费用）、封装成本、测试成本、芯片成本等费用，半导体 IP 厂商收取专利费的模式通常是固定转让和按片收取相结合，这是专利的授权费。

半导体 IP 厂商，如高通、英伟达等，都是依靠转让专利、设计获得利润，按片收费可以是按芯片的单价收费。

⊖ 1in = 0.0254m。

芯片成本就是 W_{afer} 成本除以 ($D_{PW}Y_{ield}$)，其中，W_{afer} 代表 Wafer（晶圆或晶片）；D_{PW} 代表 DPW（Die Per Wafer，晶圆可切割晶粒数），是每一个晶圆上能够切割的 Die（芯片、晶粒）的个数；Y_{ield} 代表 Yield，是合格率。

理论上来说，每片晶圆上芯片的个数可以用晶圆的面积除以芯片面积，但是考虑到周边器件的不完整，属于废品，如图 3.5 所示，所以有效芯片的数量是有限的，可以用式(3-1)计算：

$$D_{PW} = [\pi(d/2)^2]/(WH) - (\pi d)/(2WH)^{0.5} \tag{3-1}$$

式中，π 是圆周率；d 是晶圆直径；W 是芯片长度；H 是芯片宽度。

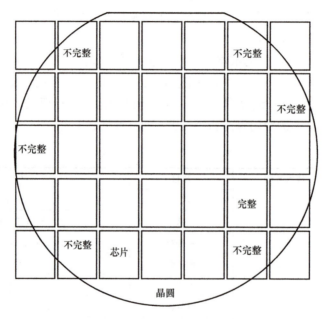

图 3.5 晶圆的芯片切割示意图

可以得出：经过流片后的晶圆把芯片进行切割分解，可以得到完整的芯片数量就是 D_{PW}。所以晶圆的尺寸也是越来越大，这样每批生产的晶圆可以得到更多完整的芯片。但是 D_{PW} 并不是最后具有良好功能的芯片数，还要考虑生产工艺造成的合格率（良率）的问题，$D_{PW}Y_{ield}$ 就是最后获得的良好的芯片总数。

表 3.3 为半导体工艺各个节点的成本分析，给出了在过去的近 20 年里，随着工艺尺寸的不断变小，晶圆和芯片单位成本参数的变化，可以看到，生产线投入的成本随着光刻尺寸的下降而快速升高，晶圆的成本同时也越来越大，如某大厂 5nm 工艺制造的 12in 晶圆成本约为 16988 美元，每片晶圆可以制造约 70 个芯片，平均后的芯片单位成本将达 238 美元。

表 3.3 半导体工艺各个节点的成本分析

尺寸/nm	90	65	40	28	20	16/12	10	7	5
时间	2004	2006	2009	2011	2014	2015	2017	2018	2020
每片晶圆的年投资/美元	4649	5456	6404	8144	10356	11220	13169	14267	16746
2020 年净折旧成本率（%）	65	65	65	65	65	65	55.1	35.4	—

（续）

2020年每片晶圆的年成本	1627	1910	2241	2850	3625	3927	5907	9213	16746
2020年每片晶圆的消耗成本/美元	411	483	567	721	917	993	1494	2330	4235
每片晶圆的其他成本/美元	1293	1454	1707	2171	2760	2990	4498	7016	12753
每片晶圆的裸片售价/美元	1650	1937	2274	2891	3677	3984	5992	9346	16988
每个芯片的售价/美元	2433	1428	713	453	399	331	274	233	238
每个芯片的设计费*/美元	630	392	200	135	119	136	121	110	108
每个芯片的封装测试费/美元	815	478	239	152	134	111	92	78	80
每个芯片的总成本/美元	3877	2298	1152	740	652	577	487	421	426
每年的能源费/美元	9667	7733	3867	2320	1554	622	404	242	194

注：* 代表按五百万个芯片计算。

3. 重点工序成本

半导体工艺生产线上最核心的工艺应是光刻工艺，光刻机是完成这道工序的关键。图3.6是光刻工序的原理图，通过掩膜、曝光把图形转化到晶圆表面。

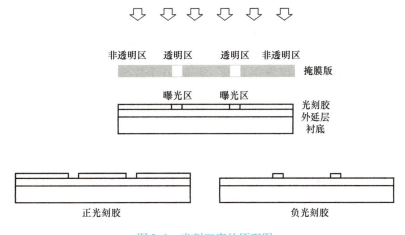

图3.6　光刻工序的原理图

当半导体器件工艺进入亚微米后，芯片特征尺寸的变化是 $1\mu m \to 0.5\mu m \to 0.35\mu m \to 0.25\mu m \to 0.18\mu m \to 0.13\mu m \to 90nm \to 65nm \to 45nm \to 32nm \to 22nm$，而晶圆直径的变化是 $100mm \to 125mm \to 150mm \to 200mm \to 300mm \to 450mm$。图3.7给出了光刻机技术与光刻特征线宽随着年代的发展趋势。

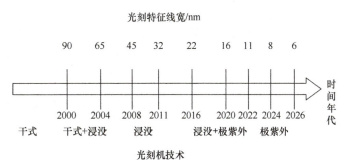

图3.7　光刻机技术与光刻特征线宽随着年代的发展趋势

目前,光刻机技术有电子束光刻、极紫外光刻、浸没式光刻、纳米压印光刻等,其中,分辨率 R 和焦深 D_{OF} 是主要的参数,光刻机的分辨率 R 表示能够清晰地辨别出晶圆片上相邻特征图形的能力,计算公式为

$$R = k_1 \lambda / N_A \tag{3-2}$$

$$N_A = n\sin(\theta) \tag{3-3}$$

式中,k_1 是与系统相关的工艺因子;N_A 为数值孔径;R 为光刻机的分辨率;λ 为真空中光的波长;n 为光在该介质中的折射率;θ 为半孔径角。

焦深 D_{OF} 表示光刻机的有效曝光区域,数值越大说明曝光范围里光的能量密度较大,增大焦深可以增大有效曝光区域的面积,降低对于硅片表面波动的敏感度,从而降低次品率,计算公式为

$$D_{OF} = k_2 n \lambda / (N_A)^2 \tag{3-4}$$

式中,k_2 是与系统相关的工艺因子。

目前常见的光刻机制造商有荷兰 ASML、日本 Nikon、日本 Canon、法国 CEA-Leti、德国 Sigma、Nanonex、EV Group、日本 HP、日本日立、美国 Novelx、日本 E-Beam、奥地利 IMS 等。光刻机的波长从最初使用 248~365nm 的 KrF 波长激光,再到使用 193nm 波长的 DUV 激光,即 ArF 准分子激光。例如,芯片工艺尺寸进入 7nm 以下,需要用到 EUV 光刻机,使用 13.5nm 的波长,组装需要超过 10 万个零件,其中 85% 是采购的,只有 15% 是自研的,一台普通的 EUV 光刻机重达 180t,需要 40 个集装箱运输,安装调试都要超过一年时间。

3.4.2 某制造大厂的成本控制实例

某工厂是一家跨国制造业大厂,其成本控制的方法由 QCD(Quality, Cost, Delivery, 即质量成本交付)改善推进部制订,图 3.8 给出了成本控制的六大方法。

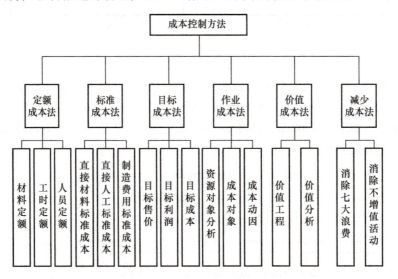

图 3.8 成本控制的六大方法

该企业要求 QCD 制度以优异的质量、最低的成本、最快的速度向用户提供最好的产品。QCD 改善推进部根据成本分析找到成本偏差，分析其产生原因，制定成本控制方法。

1. 制造措施

该企业的工作重点：降低工厂（子公司）制造成本，采取多种方法，如进行技术改善和管理改善，各 QCD 职能部门应对改善项目进行指导、确认、统计、上报。

制造过程颈瓶控制：

1）找到瓶颈环节。

2）采取行动提高瓶颈环节的效率和生产能力。

3）消除瓶颈工序的闲置时间。

4）只加工那些能增加销售和产量收益的零件和产品，不加工那些只增加库存的零件和产品。

5）将那些可以不必在瓶颈机器上生产的零件转移到非瓶颈机器或设备上生产。

6）减少瓶颈工序的生产准备时间和加工时间，产量收益只能通过增加瓶颈产量来提高，增加非瓶颈产量对产量收益没有任何影响。

7）提高瓶颈工序生产零件的质量，瓶颈工序生产低质量产品比非瓶颈工序生产低质量产品的代价更大。

在组织管理方面，基于生产的产量措施，做到提倡节约、反对浪费的原则：减少过多的生产、过多的库存、过多的搬运；减少不合格品；减少多余的加工；减少多余的动作；减少等待时间；消减过多的管理人员。

在生产中减少非增值活动、减少与增加利润无关的活动，减少以下各个环节的时间：

1）处理客户投诉时间。

2）验货时间。

3）搬运时间。

4）等待时间。

5）储存时间。

建立标准作业方式，改进作业和生产方式，节约成本，如制订合理的制造节拍、编制高效的作业顺序、使用标准作业书等方法；通过简化产品达到成本控制，如减少产品零件数量、降低零件差异性、去除不必要的机型，都能大幅降低零件成本而提高利润。

根据研究，大部份产品的复杂性并不是因为客户需求而产生，而是产品设计不佳，也无法为客户带来较高的价值。实际上，复杂的产品只会被视为比较昂贵且不合理。通过标准零件及组装件来降低复杂度时，消费者并不会感受到产品的差异。

重新设计产品来降低单位制造成本，也是成本控制的有效措施。项目的产业千差万别，拥有很强设计制造能力的企业，可以通过最优化手段在重新设计之后节省 7%~20% 的成本（最高可达 35%），改善范围包括研发、采购、生产和供货商等作业流程。

通过委外（Outsourcing）的手段提高控制效果，越是竞争激烈的产业，越要将无法达到世界级水准的内部作业委外出去。

2. 人员措施

加强人员在成本措施方面的培训，树立十大原则：

1）抛弃传统固有观念。
2）坚信能行、放弃怀疑。
3）以身作则、不找借口。
4）不求十全十美，但求积少成多。
5）时不我待、立刻行动。
6）不引入另外支出。
7）知难而进、不怕挫折。
8）追根究底找原因。
9）众人拾柴火焰高。
10）不骄不躁、永无止境。

控制成本是每个员工的职责，将每天的工作分为三类：第一类能增加收入或削减成本的工作；第二类维持目前收入和运营所必须做的工作；第三类对利润毫无帮助、没有绩效的工作。

每位员工在工作中坚持做到：
1）干完第一类工作再干第二类。
2）干完第二类工作再干第三类。
3）有选择地干第三类工作。

提高人员技能：
1）一人看管多工位原则。
2）站立工作原则。
3）多能工（有操作多种机器设备能力的作业人员）工作原则。

加强员工的工作自检：
1）标准工作是否最优化。
2）是否按作业标准进行工作。
3）是否有无益动作。
4）是否能改善设备工具。
5）是否能改善设计。
6）是否不做无价值的工作。

提高效率的自检内容：
1）人员配置是否适当。
2）生产线是否合适。
3）是否可以减少计划制订时间。
4）设备是否多发故障。
5）是否减少了等待配件和材料。
6）是否减少了等待时间。

3. 产品质量措施

提高产品价值：
1）提高功能与降低成本同时进行。

2）在成本保持不变的基础上提高功能。

3）在功能保持不变的基础上降低成本。

4）有意识提高成本，使功能有更大的提高。

5）适当降低或压缩功能，使成本大幅降低。

生产过程的质量成本控制方法：

1）各工序建立相应的质量保障规章制度。

2）加强对原材料、在产品（正在生产的产品）、半成品、产成品（已经生产的产品）的质量检验。

3）加强对工艺流程、特别是"瓶颈"环节的检验和维护，是降低废品率、返工率、损耗率的有效途径。

生产成本的检查优化：

1）工具选择及寿命是否合适。

2）是否有补助材料的标准。

3）是否有能源浪费的自动化设备。

4）是否能缩短设备的运行时间。

5）是否能减少能源的损失。

6）是否能提高质量。

7）改变检查方法。

8）改装仓库、减少库存。

9）零件的流动是否正常。

10）是否减少产品的返工和修理。

11）能否利用剩余材料。

12）是否能变更材质。

13）是否可以减少材料损耗。

4. 现场措施

改进质量的现场成本控制：

1）改进产品质量。提高合格率、减少修理时间、减少搬运等可以降低成本。

2）改进工作质量。使工作过程中的错误更少，工作效率更高，减少耗材使用和节省人力。

3）流程质量。促进机器、材料、方法和测量等运作最优化。

改进生产力的现场成本控制：

1）以较少的资源投入获取相同的产品产出，或以同样的投入制作出较多的产品，提高生产力。

2）减少人力资源、设施和材料等的投入，提高产品、服务、收益及附加价值的产出。

3）减少生产线的人数，尽量越少越好，不仅减少了人工数，同时也提高了品质，对减少下来的人员，考虑安排其他创造价值的工作。

提高现场成本控制效果的有效方法之一是降低库存，因为库存占用空间、延长了产品交付周期、产生了搬运和储存的动作、吞噬财务资产、不产生任何附加价值、恶化了产品品质、掩盖工厂中的部分问题。

现场成本控制要缩短生产线，因为生产线越长就需要越多的作业人员，导致制造周期变长；运用生产线布局的先进方法缩短生产线，对于提高效率、减少人员、减少库存、缩短制造周期都会带来巨大的成本节约。

通过现场成本控制，提高设备的可动率：

1）目前，一般工厂中的设备可动率只有70%左右，这表示每三台设备就有一台不能运转。

2）设备能力的不足严重影响产品的交付周期。

3）提高设备的可动率，不购买新设备就可以减少投资、降低成本。

减少空间的现场成本控制：制造工厂通常用了其所需要资源的4倍空间、2倍人力、10倍交付时间。通过现场改善，消除传送带、缩短生产线、连续流布局、降低库存、减少搬运等，把工厂浪费的空间留出来，可以用于其他业务，减少成本。

缩短制造周期的现场成本控制：

1）较长制造周期要求长期市场预测。

2）对订货内容估计不够。

3）加大提前期会承担更大风险。

4）ERP（Enterprise Resource Planning，企业资源计划）生产计划无法准确。

5）按计划生产会增加库存。

6）大量制造时间不均衡。

7）前工序向后工序输送时间较长。

5. 成本控制的结果

应切实帮助工厂、子公司提高管理水平，帮助工厂、子公司了解、掌握制造成本波动的原因，指导工厂、子公司加强成本控制管理，实施改善活动，真正把降低成本工作做到实处。要不断探索、创新，总结适应工厂、子公司制造成本管理的好方法，进一步完善和改进成本管理方法。通过成本控制，有效减少了企业的成本。采取成本控制措施后的成本分析如图3.9所示，调增的第二项"变"指变动费用，"共"指公用费用。

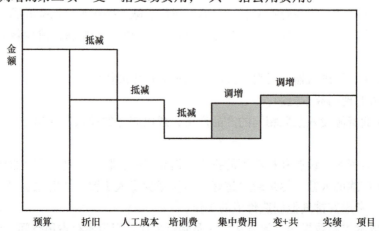

图3.9 采取成本控制措施后的成本分析

降成本工作是企业管理工作的重点，从以下的公式：

$$成本就是销售收入减去目标利润$$

式中，可以看出，目前 QCD 的改善工作都是围绕着降低成本进行的，如现场管理、品质保障、设备保全等。降低成本工作是一种持续不断改进、循环上升的工作；就是不断通过实际与目标的对比分析，找出产生问题点，提出改善措施加以解决。成本工作是全体员工的工作，要以人为本，生产工人是成本支出和创造财富的，各部门都要为生产一线服务，为生产工人创造良好的工作环境并解决实际问题。否则降低成本难以持续。

习　　题

1. 简述费用（成本）偏差的原因。
2. 简述成本控制的依据和程序。
3. 从各种资源中（如网络、书籍等），查找电子元器件工程项目的成本管理实例，用学到的知识进行分析。

第4章 进度管理

管理就是把复杂的问题简单化，混乱的事情规划化。

——杰克·韦尔奇（Jack Welch）

进度管理是项目管理在时间参数方面的体现，是获得效率的直接手段。根据对工程项目外部环境与内部条件的分析，建立进度计划系统指导项目工作的各个阶段目标，使项目有计划地、有序地、协调地运行实施，提高工作效率。

科学合理的项目进度计划的制定，是实现项目目标的保证之一。在项目决策时，要确定进度计划，进度计划以目标为核心，计划目标应有明确的目的和计划执行的时间区段，以及执行中的各种影响问题和处理对策、方法等；进度计划明确拟定每一步骤的实施细则和要求、职责划分，明确各项工作的负责人及其职责；进度计划要确定各项工作的工作程序及进度要求，以及对资源的预计，对所需的人力、物力、财力等进行计划预计。

本章讲述工程管理中的进度问题，包括进度分析、进度计划和进度控制等内容，要求掌握进度目标的制订方法、进度计划的编制和调整方法、进度控制的措施等基础知识，最后学习电子元器件工程的进度管理实例，掌握进度控制的实践方法。

4.1 进度分析

任何工程项目都是在动态条件下实施的，进度计划会受到各种因素的影响而有所偏离，进度的控制实施必须是一个动态的管理过程，包括对进度目标的分析和论证、进度计划的影响因素、进度计划的跟踪检查与调整。项目的进度分析是以项目目标为基础，而项目的进度计划是项目进度分析的输出结果。

4.1.1 进度计划系统

项目进度目标动态控制的核心是在项目实施过程中定期进行项目目标的计划值和实际值的比较，当发现项目目标偏离时，应采取纠偏措施。为避免项目目标偏离的发生，还应重视事前的主动控制。

1. 项目进度目标的分解

在工程项目的时间进程中，各个阶段的目标是动态的，工程进度的控制就是各个阶段项目目标的动态控制，以目标为基础的进度分析是项目管理最基本的方法论。

项目进度目标动态控制的方法通过三步完成：第一步，项目进度目标动态控制的准备工作：将项目的进度目标进行分解，以确定用于目标控制的计划值；第二步，在项目实施过程中项目目标的动态控制，即收集项目目标的实际值，如实际投资、实际进度等，以半个月或一个月为周期，定期进行项目进度目标的计划值和实际值的比较，通过项目目标的计划值和实际值的比较，如果有偏差，则采取纠偏措施进行纠偏；第三步，如有必要，则进行项目进度目标的调整，目标调整后再返回第一步。

2. 项目进度计划系统的建立

工程项目的进度分析就是明确进度计划系统，它是由多个相互关联的进度计划组成的系统，是项目进度控制的依据。由于各种进度计划编制所需的必要资料是在项目进展过程中逐步形成的，这是项目实践过程的基本特点，是造成预测与实际情况偏差的原因，因此，项目进度计划系统的建立和完善也有一个过程，随着工程实施逐步展开。

项目进度计划系统不是单一的，根据项目进度控制的不同需要和不同用途，可以有多种形式，项目的干系人可以构建多个不同的建设工程项目进度计划系统。不同的建设工程项目进度计划系统形式见表4.1，其中，计划深度所表达的含义是随着项目实施，编制的项目进度计划的组成内容、专业范围、详细及简要等的覆盖程度。在项目进度计划系统中，各进度计划或各子系统进度计划的编制和调整，必须做到统一进行、统一规划、统一完成、统一调节等，注意相互关联的一致性和协调的同时性。

表4.1 不同的建设工程项目进度计划系统形式

核心内容	系统名称
计划深度	由多个相互关联的不同计划深度的进度计划组成的计划系统
计划功能	由多个相互关联的不同计划功能的进度计划组成的计划系统
干系人	由多个相互关联的不同项目参与方的进度计划组成的计划系统
计划周期	由多个相互关联的不同计划周期的进度计划组成的计划系统

3. 系统的编制工具

随着科技的发展，进度计划的编制工作已经由传统的人工设计转入软件工具辅助进行，进度计划控制软件是在工程网络计划原理的基础上编制的，应用这些软件可以实现计算机辅助项目进度计划的编制和调整，以确定工程网络计划的时间参数。

目前，根据项目的特点，可以通过多种软件建立工程进度目标的逐层分解，达到项目实施过程中的进度计划监控，对工程进度目标进行动态跟踪和控制，还可以通过技术分析，调整工程进度目标。通常，项目计划系统控制周期为一个月，对于重要的项目，控制周期按周或者旬进行。计算机辅助项目进度控制的意义：解决工程网络计划计算量大而手工计算难以承担的困难；确保工程网络计划计算的准确性；有利于工程网络计划及时调整；有利于编制资源需求计划。如图4.1所示的某工程项目进度计划系统，反映了不同的进度计划和相互关系，该进度计划系统的第二层面是多个相互关联的不同（不同深度）的进度计划。

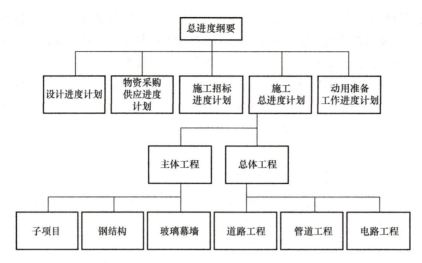

图 4.1　某工程项目进度计划系统

4.1.2　进度目标的论证

1. 论证内容

进度目标论证的工作内容是对项目总目标的分解，工程项目的总目标是整个项目的核心内容，已经在项目决策阶段通过项目定义确立下来，项目管理的主要工作就是在项目实施的各个阶段对项目的总目标进行分解和监控。

项目的进度分析就是要明确进度目标，以保证完成工程项目总目标为宗旨。在进行工程项目进度目标编制工作之前，要科学分析和论证进度目标实现的可行方案，表 4.2 给出了项目实施阶段的进度目标，工程项目进度目标的论证应分析和论证上述各项工作的进度，以及上述各项工作进展的相互关系。

表 4.2　项目实施阶段的进度目标

项目阶段	进度目标
实施阶段	设计前准备阶段的工作进度
	设计工作进度
	招标工作进度
	开工前的准备工作进度
	项目实施和设备安装进度
	物资采购工作进度
	项目动用前的准备工作进度等

2. 论证流程

总进度纲要的主要内容包括项目实施的总体部署、总进度规划、各子系统进度规划、确定里程碑事件的计划进度目标、总进度目标实现的条件和应采取的措施等。项目进度目标论证的工作流程见表 4.3。

表 4.3　项目进度目标论证的工作流程

论证流程	论证内容
1	调查研究和收集资料
2	项目结构分析
3	进度计划系统的结构分析
4	项目的工作编码
5	编制各层进度计划
6	协调各层进度计划的关系编制总进度计划
7	若编制的总进度计划不符合项目的进度目标，则设法调整
8	若经过多次调整进度目标无法实现则报告项目决策者

4.2　进度计划

4.2.1　进度计划的编制

1. 横道图进度计划的编制方法

横道图是一种最简单、运用最广泛的传统进度计划方法，用于小型项目或大型项目的子项目上，或用于计算资源需要量和概要预示进度，也可用于其他计划技术的表示结果。

横道图进度计划中的进度线（横道）与时间坐标相对应，这种表达方式较直观，易看懂计划编制的意图。但是，横道图进度计划法也存在一些问题。横道图进度计划的缺点如下：

1）工序（工作）之间的逻辑关系可以设法表达，但不易表达清楚。

2）适用于手工编制计划。

3）没有通过严谨的进度计划时间参数计算，不能确定计划的关键工作、关键路线与时差。

4）计划调整只能用手工方式进行，其工作量较大。

5）难以适应大的进度计划系统。

某工程项目的横道图进度计划如图 4.2 所示。

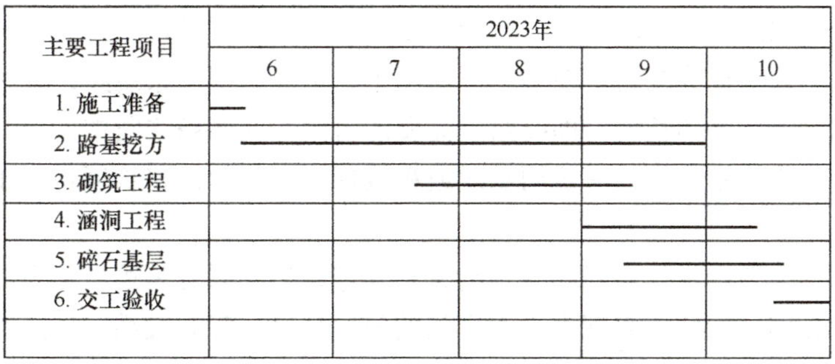

主要工程项目	2023年				
	6	7	8	9	10
1. 施工准备					
2. 路基挖方					
3. 砌筑工程					
4. 涵洞工程					
5. 碎石基层					
6. 交工验收					

图 4.2　某工程项目的横道图进度计划

2. 工程网络计划的编制方法

工程网络计划有许多名称,如 CPM（Critical Path Method,关键路径法）、PERT（Program Evaluation Review Technique,计划评审法）、CPA（Critical Path Analysis,关键路径分析法）、MPM（Metra Potential Method,关键潜在分析法）等。工程网络计划的类型可按工作持续时间的特点划分,也可按工作和事件在网络图中的表示方法划分,还可按计划平面的个数划分。

《工程网络计划技术规程》JGJ/T 121—2015 推荐的常用工程网络计划类型：双代号网络计划；单代号网络计划；双代号时标网络计划；单代号搭接网络计划。

（1）双代号网络计划

双代号网络图是以箭头线及其两端节点的编号表示工作的网络图,如图 4.3 所示。表 4.4 给出了图 4.3 的逻辑关系。

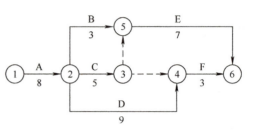

图 4.3 双代号网络图

表 4.4 图 4.3 的逻辑关系

工作	A	B	C	D	E	F
持续时间	8	3	5	9	7	3
紧前工作	—	A	A	A	BC	CD
紧后工作	BCD	E	EF	F	—	—

箭头线（工作）：工作是泛指一项需要消耗人力、物力和时间的具体活动过程,也称工序、活动、作业。双代号网络图中,每一条箭头线表示一项工作。箭头线的箭尾节点表示该工作的开始,箭头线的箭头节点表示该工作的完成。在双代号网络图中,任意一条实箭头线都要占用时间,并多数要消耗资源。为了正确表达图中工作之间的逻辑关系,往往需要应用虚箭头线。虚箭头线是实际工作中并不存在的一项虚设工作,它们既不占用时间,也不消耗资源,一般起着工作之间的联系、区分和断路三个作用。

节点（结点、事件）：节点是双代号网络图中箭头线之间的连接点。在时间上,节点表示指向某节点的工作全部完成后,该节点后面的工作才能开始的瞬间,它反映前后工作的交接点。双代号网络图中有三个类型的节点：起点节点、终点节点和中间节点。

线路：双代号网络图中从起始节点开始,沿箭头方向顺序通过一系列箭头线与节点,最后达到终点节点的通路称为线路。在一个网络图中,可能有很多条线路,线路中各项工作持续的时间之和就是该线路的长度,即线路所需要的时间。在各条线路中,有一条或几条线路的总时间最长,称为关键路线,一般用双线或粗线标注。其他线路长度均小于关键线路,称为非关键线路。

逻辑关系：网络图中工作之间相互制约或相互依赖的关系称为逻辑关系,它包括工艺关系和组织关系,在网络中均应表现为工作之间的先后顺序。工艺关系：生产性工作之间由工艺过程决定的、非生产性工作之间由工作程序决定的先后顺序称为工艺关系；组织关系：工作之间由于组织安排需要或资源（如人力、材料、机械设备和资金等）调配需要而确定的先后顺序关系称为组织关系。

双代号网络图的绘图规则：

1）双代号网络图必须正确表达已确定的逻辑关系。

2）双代号网络图中，不允许出现循环回路。

3）双代号网络图中，在节点之间不能出现带双向箭头或无箭头的连线。

4）双代号网络图中，不能出现没有箭头节点或没有箭尾节点的箭头线。

5）双代号网络图的某些节点有多余外向箭头线或多条内向箭头线时，为使图形简洁，可使用母线法绘制，但应满足一项工作用一条箭头线和相应的一对节点表示。

6）绘制网络图时，箭头线不宜交叉。

7）双代号网络图中应只有一个起点节点和一个终点节点，但是多目标网络计划除外，其他所有节点均应是中间节点。

（2）双代号时标网络计划

双代号时标网络图是以时间坐标为尺度编制的网络图，如图4.4所示。双代号时标网络图中应以实箭头线表示实工作，以虚箭头线表示虚工作，以波形线表示工作的自由时差。

画图规定：

1）双代号时标网络图必须以水平时间坐标为尺度表示工作时间。时标的时间单位往往应根据需要在编制网络计划之前确定，可分为时、天、周、月或季。

2）双代号时标网络图中所有工作在时间坐标上的水平投影位置，都必须与其时间参数相对应。节点中心必须对准相应的时标位置。

3）双代号时标网络图中虚工作必须以垂直方向的虚箭头线表示。有自由时差时，加波形线表示。

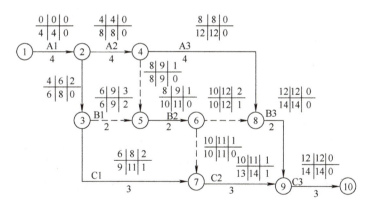

图4.4　双代号时标网络图

（3）单代号网络计划

单代号网络图是以节点及其编号表示工作、以箭头线表示工作之间逻辑关系的网络图，并在节点中加注工作代号、名称和持续时间，以形成单代号网络计划，如图4.5所示。

与双代号网络图相比，单代号网络图的特点：

1）工作之间的逻辑关系容易表达，且不用虚箭头线，故绘图较简单。

2）网络图便于检查和修改。

3）由于工作持续时间表示在节点之中，没有长度，故不够直观。

4）表示工作之间逻辑关系的箭头线可能产生较多的纵横交叉现象。

单代号网络图的绘图规则：

1）单代号网络图必须正确表达已确定的逻辑关系。

2）单代号网络图中，不允许出现循环回路。

3）单代号网络图中，不能出现双向箭头或无箭头的连线。

4）单代号网络图中，不能出现没有箭尾节点的箭头线和没有箭头节点的箭头线。

5）绘制网络图时，箭头线不宜交叉。当交叉不可避免时，可采用过桥法或指向法绘制。

6）单代号网络图中只应有一个起点节点和一个终点节点。当网络图中有多项起点节点或多项终点节点时，应在网络图的两端分别设置一项虚工作，作为该网络图的起点节点（St）和终点节点（Fin）。

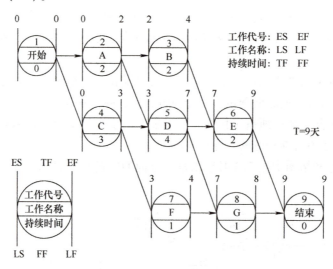

图 4.5 单代号网络图（注意关键路线 9 天，CDE）

（4）单代号搭接网络计划

在普通双代号和单代号网络计划中，各项工作依次按顺序进行，即任何一项工作都必须在它的紧前工作全部完成后才能开始。但在实际工作中，为了缩短工期，许多工作可采用平行搭接的方式进行。为了简单直接地表达这种搭接关系，使编制网络计划得以简化，于是出现了单代号搭接网络计划，如图 4.6 所示。

1）完成到开始时距 $FTS_{i,j}$，紧前工作 i 的完成时间与紧后工作 j 的开始时间之间的时距和连接方法。

2）完成到完成时距 $FTF_{i,j}$，紧前工作 i 的完成时间与紧后工作 j 的完成时间之间的时距和连接方法。

3）开始到开始时距 $STS_{i,j}$，紧前工作 i 的开始时间与紧后工作 j 的开始时间之间的时距和连接方法。

4）开始到完成时距 $STF_{i,j}$，紧前工作 i 的开始时间与紧后工作 j 的结束时间之间的时距

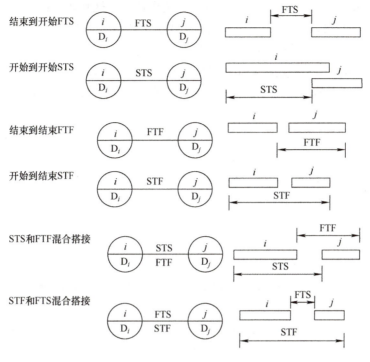

图 4.6　单代号搭接网络计划

和连接方法。

5）混合时距，在单代号搭接网络计划中，两项工作之间可同时由 4 种基本连接关系中的两种以上来限制工作间的逻辑关系。

图 4.7 给出了单代号搭接网络计划的应用实例。

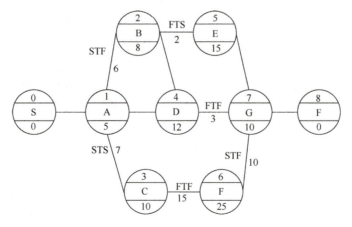

图 4.7　单代号搭接网络计划的应用实例

3. 工程网络计划有关时间参数的计算

（1）双代号网络计划时间参数的计算步骤

最早开始时间和最早完成时间的计算：工作最早时间参数受到紧前工作的约束，故其计

算顺序应从起点节点开始,顺着箭头线方向依次逐项计算,规则如下:

1)以网络计划的起点节点为开始节点,工作最早开始时间为零。
2)最早完成时间等于最早开始时间加上其持续时间。
3)最早开始时间等于各紧前工作的最早完成时间的最大值。

确定计算工期:计算工期等于以网络计划的终点节点为箭头节点的各个工作的最早完成时间的最大值。

最迟开始时间和最迟完成时间的计算:工作最迟时间参数受到紧后工作的约束,故其计算顺序应从终点节点起,逆着箭头线方向依次逐项计算。

以网络计划的终点节点($j=n$)为箭头节点的工作的最迟完成时间,其等于计划工期;最迟开始时间等于最迟完成时间减去其持续时间;最迟完成时间等于各紧后工作的最迟开始时间 LS 的最小值;网络计划的计划工期 T_p 应按下列情况分别确定:

1)当已规定了要求工期 T 时,$T_p \leq T_r$。
2)当未规定要求工期时,可令计划工期等于计算工期,$T_p = T_c$。

计算总时差:总时差等于其最迟开始时间减去最早开始时间,或等于最迟完成时间减去最早完成时间。

计算自由时差:自由时差等于其紧后工作最早开始时间的最小值减去本工作的最早完成时间。以网络计划的终点节点($j=n$)为箭头节点的工作,其自由时差等于计划工期 T_p 减去本工作的最早完成时间。

关键工作,网络计划中总时差最小的工作是关键工作;关键线路,自始至终全部由关键工作组成的线路为关键线路,或线路上总的工作持续时间最长的线路为关键线路。网络图上的关键线路可用双线或粗线标注。

(2)单代号网络计划时间参数的计算步骤

计算最早开始时间和最早完成时间:网络计划中各项工作的最早开始时间和最早完成时间的计算,应从网络计划的起点节点开始,顺着箭头线方向依次逐项计算。

1)网络计划的起点节点的最早开始时间为零。
2)工作最早完成时间等于该工作最早开始时间加上其持续时间。
3)工作最早开始时间等于该工作的各个紧前工作的最早完成时间的最大值。

网络计划的计算工期 T_c:计算工期 T_c 等于网络计划的终点节点 n 的最早完成时间 EF_n。

计算相邻两项工作之间的时间间隔 $LAG_{i,j}$:相邻两项工作 i 和 j 之间的时间间隔 $LAG_{i,j}$ 等于紧后工作 j 的最早开始时间 ES_j 和本工作的最早完成时间 EF_i 之差。

计算工作总时差 TF_i:工作 i 的总时差 TF_i 应从网络计划的终点节点开始,逆着箭头线方向依次逐项计算。网络计划终点节点的总时差 TF_n,如计划工期等于计算工期,其值为零。其他工作 i 的总时差 TF_i 等于该工作的各个紧后工作 j 的总时差 TF_j 加上该工作与其紧后工作之间的时间间隔 $LAG_{i,j}$ 之和的最小值。

计算工作自由时差:工作 i 若无紧后工作,其自由时差 FF_i 等于计划工期 T_p 减该工作的最早完成时间 EF_n。当工作 i 有紧后工作 j 时,其自由时差 FF_i 等于该工作与其紧后工作 j 之间的时间间隔 $LAG_{i,j}$ 的最小值。

计算工作的最迟开始时间和最迟完成时间:工作 i 的最迟开始时间 LS_i 等于该工作的最

早开始时间 ES_i 与其总时差 TF_i 之和。工作 i 的最迟完成时间 LF_i 等于该工作的最早完成时间 EF_i 与其总时差 TF_i 之和。

关键工作和关键线路的确定：总时差最小的工作是关键工作；从起点节点开始到终点节点均为关键工作，且所有工作的时间间隔为零的线路为关键线路。

4. 关键工作、关键线路和时差的确定

关键工作指的是网络计划中总时差最小的工作。当计划工期等于计算工期时，总时差为零的工作就是关键工作。

当计算工期不能满足计划工期时，可设法通过压缩关键工作的持续时间，以满足计划工期要求。在选择缩短持续时间的关键工作时应考虑的因素：缩短持续时间而不影响质量和安全的工作；有充足备用资源的工作；缩短持续时间所需增加的费用相对较少的工作等。

关键线路：在双代号网络计划和单代号网络计划中，关键路线是总的工作持续时间最长的线路。该线路在网络图上应用粗线、双线或彩色线标注。一个网络计划可能有一条或几条关键路线，在网络计划执行过程中，关键路线有可能转移。

时差的运用有两个方面：总时差，指的是在不影响总工期的前提下，本工作可以利用的机动时间；自由时差，指的是在不影响其紧后工作最早开始时间的前提下，本工作可以利用的机动时间。

4.2.2 进度计划调整的方法

进度计划执行中的管理工作如图 4.8 所示，主要有以下几个方面：
1）检查并掌握实际进展情况。
2）分析产生进度偏差的主要原因。
3）确定相应的纠偏措施或调整方法。

调整工作是在检查的基础上进行的，如果实际进度与计划进度存在偏差，首先要分析原因、各种偏差因素的来源。成功的纠偏措施是有针对性的措施，管理学中有一个解决问题的 DATPA 原则，包括以下几步：收集问题的资料（Data）、分析问题信息（Analysis）、思考对策（Thanking）、提出计划方案（Program）、付诸行动（Action）等。

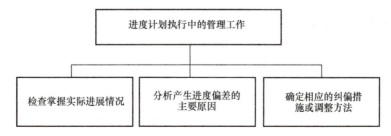

图 4.8 进度计划执行中的管理工作

进度计划的检查方法：
1）计划执行中的跟踪检查。
2）收集数据的加工处理。
3）实际进度检查记录的方式。

网络计划检查的主要内容：
1）关键工作进度。
2）非关键工作的进度及时差利用情况。
3）实际进度对各项工作之间逻辑关系的影响。
4）资源状况。
5）成本状况。
6）存在的其他问题。

进度计划的调整内容：
1）调整关键线路的长度。
2）调整非关键工作时差。
3）增、减工作项目。
4）调整逻辑关系。
5）调整工作的持续时间。
6）调整资源的投入。

4.3 进度控制

工程项目进度控制的目的是通过控制以实现工程的进度目标，在工程项目施工实践中，控制工程进度的前提是要确保工程质量的合规。设计方进度控制的任务是依据设计标准和规范对设计工作进度的要求，控制设计工作进度。工程项目进度控制是一个动态的管理过程，它包括的主要环节有进度计划的跟踪检查与调整。建设项目进度控制是一个动态的管理过程，其中进度目标分析和论证的目的是落实进度控制的具体措施。

4.3.1 进度控制的目的与任务

1. 项目进度控制的目的

进度控制的目的是通过控制以实现工程的进度目标。

工程进度控制不仅关系到施工进度目标能否实现，它还直接关系到工程的质量和成本。在工程施工实践中，必须树立和坚持一个最基本的工程管理原则，即在确保工程质量的前提下，控制工程的进度。

2. 项目进度控制的任务

工程项目管理有多种类型，代表不同利益方的项目管理（业主方和项目参与各方）都有进度控制的任务，但是其控制的目标和实践范畴是不相同的。

业主方进度控制的任务是控制整个项目实施阶段的进度；设计方进度控制的任务是依据设计任务委托合同的要求控制设计工作进度，并尽可能使设计工作的进度与招标、施工和物资采购等工作进度相协调；施工方进度控制的任务是依据施工合同的要求控制施工进度；供货方进度控制的任务是依据供货合同的要求控制供货进度。

4.3.2 工程项目进度控制的措施

1. 项目进度控制的组织措施

组织是目标能否实现的决定性因素,应充分重视健全项目管理的组织体系。在项目结构中应有专门的工作部门和符合进度控制岗位资格的专人负责进度控制工作。进度控制的主要工作环节,如图4.9所示。

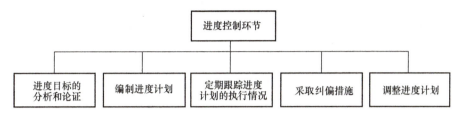

图4.9 进度控制的主要工作环节

进度控制工作包含大量的组织和协调工作,而会议是组织和协调的重要手段,应进行有关进度控制会议的组织设计,包括如下方面:

1) 进度目标的分析和论证。
2) 编制进度计划。
3) 定期跟踪进度计划的执行情况。
4) 采取纠偏措施。
5) 调整进度计划。

2. 项目进度控制的管理措施

工程项目进度控制的管理措施涉及管理的思想、管理的方法、管理的手段、承发包模式、合同和风险管理等。工程项目进度控制在管理理念方面存在的主要问题:缺乏进度计划系统的理念;缺乏动态控制的理念;缺乏进度计划多方案比较和选优的理念。

工程项目进度控制的管理措施:用工程网络计划的方法编制进度计划;选择合理的承发包模式、合同结构和物资采购模式;重视信息技术在进度控制中的应用。

常见的影响工程进度的风险包括组织风险、管理风险、合同风险、资源风险、技术风险等。

3. 项目进度控制的经济措施

工程项目进度控制的经济措施涉及资金需求计划、资金供应条件和经济激励措施等。其中,资源需求计划包括资金需求计划和其他资源需求计划,以反映工程实施的各时段所需要的资源;资金供应条件包括可能的资金总供应量、资金来源(自有资金和外来资金)及资金应的时间,在工程预算中,应考虑加快工程进度所需的资金。

4. 项目进度控制的技术措施

工程项目进度控制的技术措施涉及对实现目标有利的设计技术和施工技术的选用。在设计工作的前期,特别是在设计方案评审和选用时,应对设计技术与工程进度的关系做分析比较;在施工方案决策时,不仅应分析技术的先进性和经济合理性,还应考虑其对进度的影响。

4.4 电子元器件工程项目的进度管理实例

项目进度管理是工程实施各个阶段的工作任务、流程、时段等因素的综合管理,一个完整的进度管理计划包括审批、设计、采购、工艺、调试、交付等环节的实施流程,并根据不同类型的项目增减相应的进度计划。

进度管理以进度目标作为前提和主线,并配合项目的资源、成本、质量等计划目标,在项目的实施过程中监测实际进度是否按计划要求进行,对出现的偏差分析原因,采取相应的进度控制措施进行调整,甚至修改原计划,直至项目成功完成。

4.4.1 某企业 MEMS 器件项目的进度计划和控制实例

1. 项目基本情况

某企业是中国电声行业大厂,产品包括声电器件、光电器件、电子配件及整机类电子产品等的研发、生产与销售。该企业的产品广泛应用于:智能手机、平板电脑、可穿戴智能设备销售;虚拟现实设备制造;智能无人飞行器制造及销售;智能机器人销售;移动终端设备制造等。

敏感元件是电子科学与技术领域重点发展的新型特种电子元器件,包括机械敏、力敏、气敏、湿敏、生物敏等主要功能器件,广泛应用于各个行业。MEMS(Micro-Electro-Mechanical System)器件是一种结合机械和电子半导体技术生产制备的电子元器件,基于硅基电容式声音传感器的 MEMS 器件被大量应用于汽车安全气囊装置的控制中,图 4.10 所示为一种 MEMS 压力器件的剖面图。

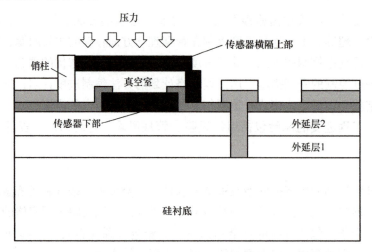

图 4.10 一种 MEMS 压力器件的剖面图

本企业在 MEMS 产品的研发制造上有较强的技术优势,面对良好的市场前景,设立了 MEMS 产品生产线建设项目,通过了可行性论证报告。该项目的完成能够促进企业健康发展、扩大该企业的生产规模、提高企业竞争力。

本项目的基本情况:总投资约 2 亿元,新建生产车间 1 万 m^2,设备购置及安装费约

1亿元，引进先进生产设备，目标达到年产硅微声传感器1亿8000万只的产能。项目从立项规划、施工建设到设备安装的总工期为10个月，其中，生产车间主体工程工期140天。

企业生产能力雄厚，具备核心生产设备的研发能力，生产线所需其他设备通过采购完成，项目主要生产设备见表4.5，属于典型的MEMS器件生产线设备。

表4.5 项目主要生产设备

序号	设备名称	数量/台或套	备注
1	SMT生产线	1	进口
2	高速加工中心	21	进口
3	金丝引线键合机	30	进口
4	放电加工机	21	国产
5	小平面磨床	13	进口
6	精密平面磨床	2	进口
7	精密成型磨床	1	进口
8	大平面磨床	1	进口
9	线切割机	11	国产
10	小孔加工机	1	国产
11	数控车床	2	国产
12	车床	1	国产
13	车铣复合加工中心	1	进口
14	铣床	5	国产
15	投影机二次元	7	国产
16	一次元	15	国产
17	稳压器	80	国产
18	小型钻床	3	国产
19	倒角机	1	国产
20	砂轮机	1	国产
21	退磁机	2	国产
22	工作站	75	国产
23	精雕机	1	国产
24	中走丝	2	国产
25	小孔加工机	4	国产
26	镭射焊补机	1	进口
27	激光打标机	2	国产
28	攻丝机	1	国产
29	电动攻丝机	1	国产
30	精密抛光设备	4	进口
31	其他	7	—
合计		318	—

2. 项目进度计划

项目进度计划是对工作总目标的分解，建立工作分解结构，即 WBS（Work Breakdown Structure）、并排列活动顺序，制定进度网络计划。项目整体进度计划的横道图如图 4.11 所示，其中，对项目主体即生产车间厂房的建设工期要求在 140 天内完成，总工期是 10 个月，自 2014 年 12 月初至 2015 年 9 月末，共 10 个月。

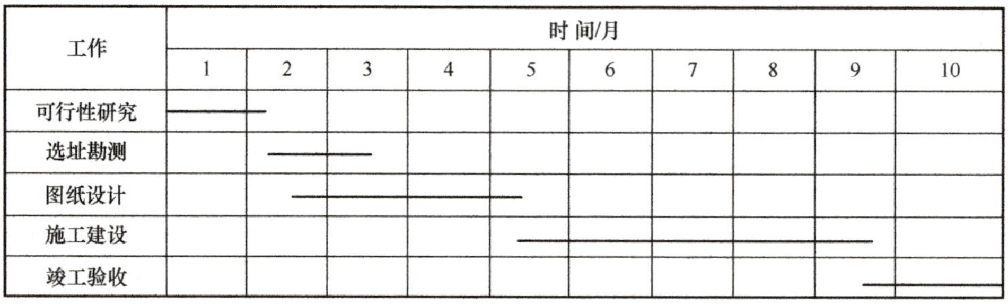

工作
时 间/月
1
2
3
4
5
6
7
8
9
10
可行性研究
选址勘测
图纸设计
施工建设
竣工验收

图 4.11　项目整体进度计划的横道图

对项目体系而言，进度计划是最关键的部分，它能够节约项目时间，保障其他计划顺利实施，只有通过进度计划才能更好地控制项目进度、改善项目管理。项目进度计划的作用主要包括以下几点：

1）将项目各部分连接起来，形成统一的整体。通过进度计划，能够将压力自上而下传递，实现整体工作效率的提升，使各部门明确自身的职责。

2）确定总体的目标，保障目标的实现。它发挥指南针的作用，指引项目按照计划前进，合理控制开发进度。

3）发挥交流沟通的作用，以量化标准衡量项目进度，通过对于资源的合理调配，达到趋于完善的状态。

4）合理的计划才能确保最后的成功。合理约束开发活动，对于项目开展过程中的问题及时发现、及时解决，并建立预警系统。

项目进度计划的编制过程如图 4.12 所示。

项目工作分解
项目工作责任
项目工作先后
项目工作持续
项目网络设计
关键路径设计
网络讲究优化

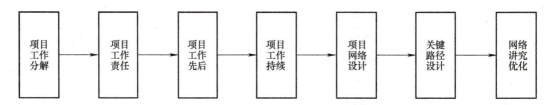

图 4.12　项目进度计划的编制过程

半导体器件生产车间的要求很高，本项目生产线车间的主体施工是整个项目的关键工作，具有投资大、工期短、要求多的特点，需要在项目进度管理上重点关注。图 4.13 给出了主体施工工作分解结构图。

为制定进度计划管理，需要对项目工作的各个工序建立连接关系，即项目工作先后关系，见表 4.6。

第 4 章 进度管理

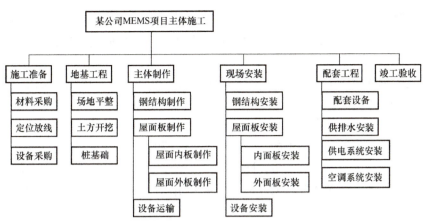

图 4.13　主体施工工作分解结构图

表 4.6　项目工作先后关系

工作代码	工作名称	后续工作	工作代码	工作名称	后续工作
A	材料采购	G	K	钢结构安装	O
B	定位放线	HI	L	屋面内板安装	N
C	设备采购	J	M	屋面外板安装	N
D	场地平整	E	N	设备安装	S
E	土方开挖	F	O	配套设备	RPQ
F	桩基础施工	K	P	供电系统	S
G	钢结构制作	K	Q	供排水系统	S
H	屋面内板制作	K	R	空调系统	S
I	屋面外板制作	K	S	竣工验收	—
J	设备运输	K			

根据各项建设工作任务的先后顺序和持续时间，利用双代号网络图绘制项目进度计划网络图，如图 4.14 所示。

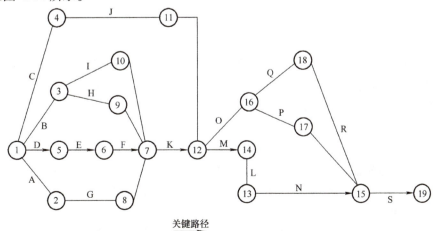

图 4.14　项目进度计划网络图

项目经过第一次网络计划，将各项关键工作时间相加，得到项目的总工作时间为147天。进度计划还没有完全达到项目进度管理的具体要求！需要进一步实施优化，以达到工期目标。

需要经过工期优化、工期-成本优化、工期-资源优化等工作，优化网络图，优化结果为136天，满足要求。

3. 优化后的项目进度网络图

项目进度控制是根据项目的不断实际执行过程进行的，属于动态控制过程。先制订相应的计划标准，再进行项目的具体实施，同时，在实施过程中不断的进行计划的调整，然后再进行编制，属于一个不断循环发展的过程，图4.15给出了项目进度控制的基本流程。

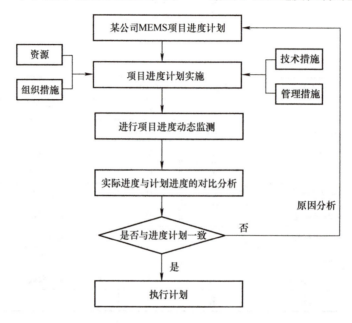

图4.15　项目进度控制的基本流程

4.4.2　某企业TOF光电器件研发项目的进度计划和控制实例

1. 项目基本情况

研发项目因为结果的不确定性、高失败率，其管理工作历来具有挑战性。进度计划的制订和有效的控制措施是这类项目最关键的管理内容。据统计，失败的研发项目的平均超出时间是原始估计时间的222%，因此，要取得研发项目的成功，在项目管理中必须制订有效的进度计划。

某企业是光电器件制造大厂，从事研发、生产和销售光器件和光通道模块。本项目是企业TOF器件的研发项目，在规定期限内，将50个TOF样品交付某客户。本企业借助TOF器件项目的实施，达到产品功能提高、工艺水平提升、销售市场扩大和企业品牌增值等目标，有利于企业未来的发展。

TOF（Tunable Optical Filter，即可调谐光学滤波器）是一款高端的滤波器，是光传输DWDM（Dense Wavelength Division Multiplexing，密集型光波复用）中的关键光器件，其工作原理如图 4.16 所示。

图 4.16　TOF 工作原理

鉴于 DWMD 设备的生命周期至少是 10~15 年，研发中对 TOF 器件的可靠性提出了更高要求，必须满足可靠性标准 MIL-STD-883 中的振动机跌落试验，要求在 20g 振动及 500g 跌落情况下，TOF 模块的功能及外观要完好无损，以及需要通过 ESD 的测试，模拟放电电压是 500V 的测试环境。图 4.17 给出一种 TOF 器件剖面图。

对每个 TOF 器件的光学性能进行测试，测试项目清单见表 4.7。

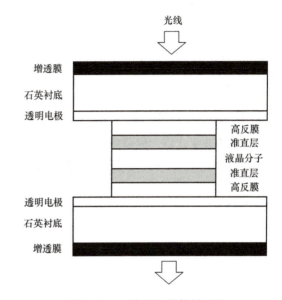

图 4.17　一种 TOF 器件剖面图

表 4.7　测试项目清单

序号	测试内容及文件	备注
1	中心波长	—
2	波长精度	—
3	0.5dB 带宽	—
4	1dB 带宽	—
5	3dB 带宽	—
6	插入损耗	—
7	波纹	—
8	偏振相关损耗	使用光学测试仪
9	相邻通道干扰	使用光学测试仪

2. 项目进度计划

本公司根据以往的开发及工艺制造经验，按照三个原则制定 TOF 研发项目的进度计划：第一个原则是交付样品，在开发过程中可能会出现不可预测问题，但是必须保证在总工期内完成交付，不能延误；第二个原则是具体的开发进度计划采取在过程中渐进明晰的原则，即在开发前只设定框架的指导性计划，不作为具体的操作计划，随着任务的推进而不断详细；第三个原则是制订进度计划及任务时，要符合"SMART"原则，即 Specific（目标具体明确）、Measurable（目标可被测量）、Attainable（可以达成的）、Relevant（目标是具体）、Time-base（目标的时间要求明确）。项目分解为五个阶段，并制定了阶段任务，项目研发的五阶段描述见表4.8。

表4.8 项目研发的五阶段描述

阶段	阶段名称	阶段任务	控制点	输入	输出	负责人
P1	概念阶段	团队、需求分析	方案提出	任务书	方案提出及评审	研发总经理
P2	计划阶段	系统设计 计划决策	确定开发方案	开发方案	框架设计	项目组组长
P3	开发阶段	设计测试	优化活动 进度控制	开发方案	各模块的完成	项目组组长
P4	验证阶段	集成测试	进度控制	初始产品	样品验证完成	项目组组长
P5	发布阶段	归档、试制量产	质量控制	量产指导书	量产	研发总经理

为了制定项目进度计划，根据项目的总目标，对总目标进行分解，可以有17项工作任务，表4.9给出了项目在开发和验证阶段的部分任务。

表4.9 项目在开发和验证阶段的部分任务

阶段	阶段名称	活动代码	活动内容
P3	开发阶段	5	光路模块
		6	电路模块
		7	软件模块
		8	结构件模块
		9	采购
P4	验证阶段	10	光路部分的集成测试
		11	软件模块的单元测试
		12	电路控制模块测试
		13	系统集成测试
		14	样品实际测试

根据开发和验证阶段工作任务的性质，有时需要设置几个具有独立功能的子项目，编制单独的管理计划，表4.10a和b分别给出了两个子项目（光路模块测试和电路模块测试）的工作描述。

表4.10a 光路模块测试子项目工作描述

任务名称	光路模块测试
任务目标	完成光路模块测试
交付成果	评审通过的《研发产品测试报告书——光模块部分》
交付成果质量要求	各项光学参数100%满足客户需求
工作任务描述	光路部分的集成测试，测试后的参数优化及再测试，每次测试完成一遍都要编写测试报告
工期要求	—
签名	—

第 4 章 进 度 管 理

表 4.10b 电路模块测试子项目工作描述

任务名称	电路模块测试
任务目标	完成电路模块测试
交付成果	评审通过的《研发产品测试报告书——控制电路模块部分》
交付成果质量要求	各项光学参数 100% 满足客户需求
工作任务描述	电路控制单元模块测试（整体功能测试，开关机测试，专业软件测试，EMI 与 EMC 测试），测试过程不良问题的处理及改进，每次测试完成一遍都要编写测试报告
工期要求	—
签名	—

根据活动的逻辑关系及概念阶段的里程碑事件，制订概念阶段项目计划，明确每个子任务的工作内容和负责人，明确完成的工期等信息。

根据计划的实施情况，在项目的进程中，通过进度控制加强进度管理，项目进度控制过程如图 4.18 所示。

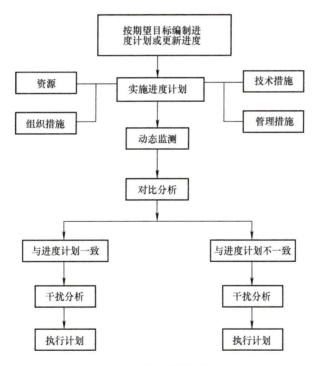

图 4.18 项目进度控制过程

项目进度数据采集主要是通过跟踪、检查项目的实际进度，定期收集反映项目实际进展的相关数据。采集数据的方法：定期和不定期地收集项目进度报表资料；明确各阶段负责人；及时在现场对项目实际进度进行跟踪检查；定期召开项目组工作协调会议，掌握项目进展动态。

图 4.19 是样品试制子项目里程碑的横道图，可以看到计划时间和实际时间的对比。

本项目的技术复杂程度较高，涉及光、电、软件、机构设计等多方面的设计环节，其

序号	WBS编码	P4验证	子项目	进度	时间/月				
					1	2	3	4	5
1	111	样品组装	工艺	计划 实际					
2	112	可靠性试验	工艺	计划 实际					
3	113	寿命试验	工艺	计划 实际					
4	114	功能测试	工艺	计划 实际					
5	115	测试报告	测试	计划 实际					

计划 ——
实际 ——

图 4.19 样品试制子项目里程碑的横道图

中,又要采用特殊的滤光片及控制器件,生产工艺也比一般电子产品复杂,中间环节的不确定因素很多,图 4.20 是项目进度计划实施的影响因素分析。

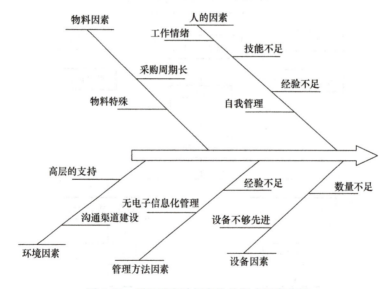

图 4.20 项目进度计划实施的影响因素分析

本项目通过进度分析、进度控制等进度管理手段,并结合其他方面的项目管理,使项目圆满成功完成,为公司未来发展创造了良好基础。

习　题

1. 简述进度管理中目标论证的过程。
2. 举例说明问题解决的 DATPA 原则。
3. 从各种资源中,查找电子元器件项目的进度管理实例,并运用学过的知识进行分析。

第5章 质量管理

质量就是使用性。

——美国质量管理专家 朱兰

质量是产品符合规定要求的程度。

——菲利普·克罗斯比（Philip Crosby）

质量是企业的生命，是产品的灵魂，企业或项目成果的质量问题不是眼前得失的短期问题，而是关系未来发展的长期大计。质量管理是全流程的管理，包括项目的各个阶段；是全员的管理，需要每一位组织成员的参与；是全方位的管理，包括项目的所有领域。

任何项目都希望被高质量地完成，输出高质量的成果。作为制造业性质的电子元器件工程项目更是如此，不论是器件、电路，还是设备，是很复杂的工程，具备最精密的制造技术。

项目质量管理是指对项目质量实施情况的监督和管理，主要内容包括项目质量计划、质量评价与控制等。项目的质量管理决定着一个项目实施的成败，是项目管理者重点关注的方向。

项目的质量计划包括质量的定义、质量的控制、质量的验收。质量管理就是对质量计划的执行、监控，达到项目的质量要求。质量目标就是项目的质量定义，是项目立项决策时的总目标之一。质量计划也是项目实施意义的另一种表达形式，其结果是项目成就的载体，关乎项目干系人的未来发展和长远利益。

本章首先讲述质量管理的内涵（即总概），要求掌握质量的概念、质量计划的制订和质量风险分析；然后给出质量控制，学习质量控制体系的建立和内容；在质量验收中，要求掌握验收层次问题和数理统计方法的应用；最后给出电子元器件工程项目的质量管理实例，要求理解电子元器件国产化的意义和质量管理的具体措施。

5.1 项目质量体系概述

项目的质量计划贯穿于整个项目的决策过程和各个子项目的设计与实施过程，是一个反映项目质量的目标决策、目标细化到目标实现的系统过程。

5.1.1 项目的质量计划

1. 质量相关定义

GB/T 19000—2016《质量管理体系 基础和术语》对质量的定义：质量是客体的一组固

有特性满足要求的程度。

工程项目质量的定义：工程项目质量是指通过项目实施形成的工程实体的质量，是反映工程满足相关标准规定或合同约定的要求，包括其在安全、使用功能及其在耐久性、环境保护等方面所有能力的特性总和。其质量特性主要体现在适用性、安全性、耐久性、可靠性、经济性及与环境的协调性等6个方面。

质量管理的定义：质量管理就是关于质量的管理，是在质量方面指挥和控制组织的协调活动，包括建立和确定质量方针和质量目标，并在质量管理体系中通过质量策划、质量保证、质量控制和质量改进等手段来实施全部质量管理职能，从而实现质量目标的所有活动。

工程项目质量管理的内容：工程项目实施过程中，指挥和控制项目参与各方关于质量的相互协调的活动，是围绕着使工程项目满足质量要求，而开展的策划、组织、计划、实施、检查监督和审核等所有管理活动的总和。它是工程项目的干系人等单位的共同职责，项目参与各方的项目经理必须调动与项目质量有关的所有人员的积极性，共同做好本职工作，才能完成项目质量管理的任务。

质量控制的定义：质量控制是质量管理的一部分，是致力于满足质量要求的一系列相关活动。也就是说，质量控制是在明确的质量目标和具体条件下，通过行动方案和资源配置的计划实施、检查和监督，进行质量目标的事前预控、事中控制和事后纠偏控制，实现预期质量目标的系统过程。

工程项目质量控制的内容：在项目实施整个过程中，包括项目的设计规划、招标采购、制造安装、竣工验收等各个阶段，项目参与各方致力于实现业主要求的项目质量总目标的一系列活动。工程项目质量控制包括项目干系人各方的质量控制活动。

2. 项目的质量责任

项目的干系人单位应当依法取得相应等级的资质证书，在其资质等级许可范围内承揽工程并不得转包或者违法分包工程。干系人单位对工程的质量负责，应当建立质量责任制，确定工程项目的项目经理、技术负责人和管理负责人。设备安装单位按照工程设计图样和技术标准安装，不得擅自修改工程设计，不得偷工减料。必须建立健全施工质量的检验制度，严格工序管理，做好隐蔽工程的质量检查和记录。干系人单位应当建立健全教育培训制度，加强对职工的教育培训；未经教育培训或者考核不合格的人员，不得上岗作业。

3. 项目质量的形成过程和影响因素分析

工程项目质量的基本特性可以概括如下：反映使用功能的质量特性，主要表现生产线的生产能力和工艺标准、电子元器件的使用特性、设备的应用特性，在正常使用条件下，应能达到技术标准；反映安全可靠的质量标准，在正常使用条件下达到安全可靠，使用过程要防腐蚀、防坠落、防火、防盗、防辐射，以及保证设备系统运行与使用安全等；反映文化艺术的质量特性，产品具有深刻的社会文化背景，产品视同艺术品；反映环境的质量特性，项目用地范围内的规划布局、交通组织、绿化景观、节能环保，还要追求其与周边环境的协调性或适宜性。

质量需求的识别过程反映在项目决策阶段，主要工作包括项目发展策划、可行性研究、建设方案论证和投资决策。这一过程的质量管理职能在于识别项目意图和需求，对项目的性质、规模、使用功能、系统构成和标准要求等进行策划、分析、论证，为整个项目的质量总目标及项目内各个子项目的质量目标提出明确要求。

质量目标的决策是单位组织管理最高层的质量管理职能。质量目标定义过程主要是在工程立项设计阶段，按照项目的决策要点、相关法规和标准、规范的强制性条文要求，将工程项目的质量目标具体化。通过方案设计、初步设计、技术设计、结构设计等环节，对工程项目各细部的质量特性指标进行明确定义，即确定各项质量目标值，为工程项目的作业活动及质量控制提供依据。

质量目标实现的最重要和最关键的过程是在项目的实施阶段，包括准备过程、作业技术活动过程，其任务是按照质量策划的要求，制订企业或工程项目内控标准，实施目标管理、过程监控、阶段考核、持续改进的方法，严格按设计、技术标准作业，把特定的劳动对象转化成符合质量标准的工程产品。

项目质量的影响因素主要是指在项目质量目标策划、决策和实现过程中影响质量形成的各种客观因素和主观因素，包括人的因素、机械因素、材料因素、方法因素和环境因素等，简称人机料法环因素。

5.1.2 质量风险分析

工程项目质量风险通常是指某种因素对实现项目质量目标造成不利影响的不确定性，这些因素导致发生质量损害的概率和造成质量损害的程度都是不确定的。在项目实施的全过程中，对质量风险进行识别、评估、响应及控制，减少风险源的存在，降低风险事故发生的概率，减少风险事故对项目质量造成的损害，把风险损失控制在可以接受的程度，是项目质量控制的重要内容。

1. 质量风险的识别

项目质量风险的识别就是识别项目实施过程中存在哪些风险因素以致可能产生哪些质量风险。从风险产生的原因分析，常见的质量风险有如下几类：自然风险、技术风险、管理风险、环境风险；从风险损失责任承担的干系人角度分析，项目质量风险可以分为投资方的风险、设计方的风险、制造方的风险、使用方的风险。

风险识别可按风险责任单位和项目实施阶段分别进行，识别可分三步进行：采用层次分析法画出质量风险结构层次图；分析每种风险的促发因素；将风险识别的结果汇总成质量风险识别报告。

2. 质量风险评估

质量风险评估包括两个方面：一是评估各种质量风险发生的概率；二是各种质量风险可能造成的损失量。

质量风险评估通常可以采用经验判断法或德尔菲（Delphi）法，针对各个风险事件发生的概率及事件后果对项目的结构安全和主要使用功能影响的严重性进行专家打分，然后汇总分析，以估算每一个风险事件的风险水平，进而确定其风险等级。

德尔菲法又被称为专家调查法，于1946年由美国兰德公司（Rand，军事综合性战略研究机构）创立并推广采用。这种方法的核心内容是一种不记名反馈函询法，对所要预测的问题通过征询专家意见，然后进行整理、归纳、统计，再匿名反馈给各专家，再次征求意见，反复集中和反馈，直至得到一致的专家意见。

德尔菲法被广泛应用于商业、军事、教育、卫生保健等领域，在使用过程中显示了它的优越性和适用性，受到越来越多研究者的青睐。

3. 质量风险响应

质量风险响应就是根据风险评估的结果，针对各种质量风险制订应对策略和编制风险管理计划。常用的质量风险应对策略包括风险规避、减轻、转移、自留及其组合等。质量风险应对策略应形成项目质量风险管理计划，其内容如下：

1）项目质量风险管理方针、目标。
2）质量风险识别和评估结果。
3）质量风险应对策略和具体措施。
4）质量风险控制的责任分工。
5）相应的资源准备计划。

风险自留（Risk Self-retention）也称风险承担，是指企业自己非理性或理性地主动承担风险，即指一个企业以其内部的资源来弥补损失，这种方式和保险同为企业在发生损失后主要的筹资方式，以及重要的风险管理手段。有计划的风险自留又被称为自保，是一种重要的风险管理手段，当风险管理者察觉了风险的存在，估计该风险可能造成的期望损失，决定以其内部资源（自有资金或借入资金）来对损失加以弥补的措施，也可以建立内部和外部风险基金应对损失。

质量管理活动通常包括建立质量管理体系、确定质量方针、明确质量标准及职责、通过质量控制等手段实现质量管理职能。

5.2 质量控制

项目质量风险控制是在对质量风险进行识别、评估的基础上，按照风险管理计划对各种质量风险进行监控，包括对风险的预测、预警。质量风险控制需要项目的各方干系人共同参与。

5.2.1 质量控制体系的建立

1. 项目质量控制的目标与任务

工程项目质量控制的目标就是实现由项目决策所决定的项目质量目标，使项目的适用性、安全性、耐久性、可靠性、经济性及与环境的协调性等方面满足各种功能需要并符合国家法律、行政法规和技术标准、规范的要求。

工程项目质量控制的任务就是对项目各方干系人的工程质量行为，以及涉及项目工程实体质量的设计质量、材料质量、设备质量、制造安装质量等方面进行控制。

2. 质量管理方法的应用

全面质量管理（Total Quality Control，TQC）的基本原理就是强调在企业或组织最高管理者的质量方针指引下，实行全面、全过程和全员参与的质量管理。TQC的主要特点是：以顾客满意为宗旨；领导参与质量方针和目标的制订；提倡预防为主、科学管理、用数据说话等。

工程项目的质量管理同样应贯彻"三全"管理的思想和方法，即全面质量管理、全过程质量管理、全员参与质量管理。

3. 质量管理的 PDCA 循环

PDCA（Plan，Do，Check，Act）循环是建立质量管理体系和进行质量管理的基本方法。质量管理的 PDCA 循环如图 5.1 所示。从某种意义上说，管理就是确定任务目标，并通过 PDCA 循环来实现预期目标。每一次循环都围绕着实现预期目标，进行计划、实施、检查和处置活动。随着对存在问题的解决和改进，在一次次的滚动循环中逐步上升，不断增强质量管理能力，不断提高质量水平。每一个循环的四大职能活动相互联系，共同构成了质量管理的系统过程。

4. 质量控制体系的特点和构成

工程项目质量控制系统是项目目标控制的一个工作系统，在企业或其他组织机构中由 GB/T 19000-ISO 9000 标准建立质量管理体系。

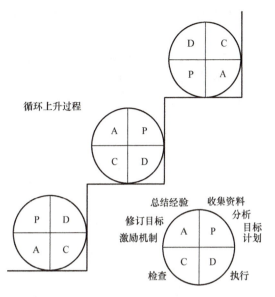

图 5.1　质量管理的 PDCA 循环

项目质量控制体系的建立遵循以下原则：分层次规划原则；目标分解原则；质量责任制原则。

项目质量控制体系的建立过程，一般可按以下环节依次展开工作：

1）建立系统质量控制网络。
2）制订质量控制制度。
3）分析质量控制界面。
4）编制质量控制计划。

根据项目质量控制体系的特点和结构，一般情况下，项目质量控制体系应由项目实施企业的工程项目管理机构负责建立，当设计、制造、安装等任务进行分别招标发包的情况下，该体系通常应由各承包企业根据项目质量控制体系的要求，建立隶属于总的项目质量控制体系的设计项目、制造项目、采购供应项目等分质量保证体系（也可称其为相应的质量控制子系统），以具体实施其质量责任范围内的质量管理和目标控制。

质量控制体系要有效运行，还有赖于系统内部运行环境和运行机制的完善。项目质量控制体系的运行环境包括：项目的合同结构；质量管理的资源配置；质量管理的组织制度。

项目质量控制体系的运行机制是由一系列质量管理制度安排所形成的内在动力。运行机制包括动力机制、约束机制、反馈机制、持续改进机制。

5.2.2　企业质量管理体系

1. 质量控制的依据

企业运行中坚持质量控制，贯彻全面、全过程质量管理的思想，运用动态控制原理，进行质量的事前控制、事中控制和事后控制。企业质量控制的依据如下：

1）共同性依据是指适用于施工质量管理有关的、通用的、具有普遍指导意义和必须遵守的基本法规，主要包括国家和政府有关部门颁布的与工程质量管理有关的法律法规性文件。

2）专门技术法规性依据是指针对不同行业、不同质量控制对象制订的专业技术规范文件，包括规范、规程、标准、规定等。

3）项目专业性依据是指本项目的工程建设合同、勘察设计文件、设计交底及图样记录、设计修改和技术变更通知，以及相关会议记录和工程联系单等。

目前，6西格玛管理体系就是最重要的质量控制依据，由摩托罗拉公司最早提出，是企业降低成本、提高质量、提高产品竞争力的最有效方法。6西格玛管理体系运用统计学方法测算每一件产品接近其质量目标的程度，数字越大表示偏差越小，西格玛就是产品的质量等级水平：1西格玛表示产品失效率有69%；2西格玛表示产品失效率有38%；3西格玛表示产品失效率有6.68%；6西格玛表示产品失效率有0.00034%，即每100万件产品中有3.4件失效概率。

实施6西格玛管理体系的5个步骤：定义、度量、分析、改进和控制。

1）定义：站在客户的立场上，找出能为公司带来明显的节省或利润的各种问题，并提升顾客满意度的专案。

2）度量：衡量目前情况和客户需求之间的差距，找出关键问题。问题的衡量以数据为基准，所以员工必须接受基础统计学及概率学的训练（包括测量分析等专业课程），在刚开始的时候，通常是由具备6西格玛实际推行经验的人来带领员工。

3）分析：80%的问题通常是由20%的原因造成的，找到公司只能做到2西格玛的原因，这是企业最关键的问题。在这个阶段，必须应用许多统计工具探究造成现状与需求之间落差的关键少数原因，找出影响结果的潜在变数，以及如何加以测量，也是6西格玛当中非常困难的部分。

4）改进：找出原因之后，对症下药，下一步就是改善阶段，将透过脑力激荡、共同讨论、实验设计等方式，测试问题在不同指标下产生怎样的结果，依据结果找出最佳参数和回归方式（也就是最佳解决方案）来改善现状。

5）控制：在前面的基础上，从每个问题列出的具体措施入手，控制的目的就是要将改善成果继续保持下去，建立质量改善的依据。

2. 质量体系的构成

企业质量管理标准所要求的质量管理体系文件由下列内容构成：质量手册；程序文件；质量计划；质量记录。

企业质量管理体系的建立包括：

1）按照质量管理原则制订企业的质量方针、质量目标、质量手册、程序文件及质量记录等体系文件，并将质量目标分解落实到相关层次、相关岗位的职能和职责中，形成企业质量管理体系的执行系统。

2）组织企业不同层次的员工进行培训，使体系的工作内容和执行要求为员工所了解，为形成全员参与的企业质量管理体系的运行创造条件。

3）企业质量管理体系的建立需识别并提供实现质量目标和持续改进所需的资源，包括人员、基础设施、环境、信息等。

3. 质量体系的运行

企业质量管理体系的运行包括如下几个方面：

1）在生产及服务的全过程，按照质量管理体系文件所制订的程序、标准、工作要求及目标分解的岗位职责进行运作。

2）按照各类体系文件的要求，监视、测量和分析过程的有效性和效率，做好文件规定的质量记录，持续收集、记录并分析过程的数据和信息，全面反映产品质量和过程符合要求，并具有可追溯的效能。

3）按照文件规定的办法进行质量管理评审和考核，对过程运行的评审考核工作，应针对发现的主要问题，采取必要的改进措施，使这些过程达到所策划的结果并实现对过程的持续改进。

4）落实质量管理体系的内部审核程序，有组织、有计划地开展内部质量审核活动。

为确保系统内部审核的效果，企业领导应发挥决策领导作用，制订审核政策和计划，组织内审人员队伍，落实内审条件，并对审核发现的问题采取纠正措施并提供人、财、物等方面的支持。

4. 质量控制点的设置

在工程项目质量控制系统中，要按照谁实施、谁负责的原则，明确施工质量控制的主体构成及其各自的控制范围，质量控制点的设置是质量计划的重要组成内容。质量控制点是质量控制的重点对象，通常选择下列部位或环节作为质量控制点：

1）对工程质量形成过程产生直接影响的关键部位、工序、环节及隐蔽工程。

2）工作过程中的薄弱环节，或者质量不稳定的工序、部位及对象。

3）对下道工序有较大影响的上道工序。

4）采用新技术、新工艺、新材料的部位或环节。

5）工作质量无把握、施工条件困难或技术难度大的工序、环节。

6）用户反馈指出的和过去有过返工的不良工序。

质量控制点的重点控制对象主要包括以下几个方面：人的行为；材料的质量性能；工作方法与关键操作；技术参数；技术间歇；流程顺序；易发生或常见的质量通病；新技术、新材料及新工艺的应用；产品质量不稳定和不合格率较高的工序；特殊地基或特种结构。

质量控制点的管理：做好工程质量控制点的事前质量预控工作；向工程作业组进行认真交底，使每一个控制点上的作业人员明白工程作业规程及质量检验评定标准，掌握工程操作要领；在工作过程中，相关技术管理和质量控制人员要在现场进行重点指导和检查验收；要做好工程质量控制点的动态设置和动态跟踪管理。

生产要素是工程质量形成的物质基础，工作生产要素的质量控制主要包括以下几个方面：工作人员的质量控制；材料设备的质量控制；工艺方案的质量控制；工程机械的质量控制；工作环境因素的质量控制。

工程技术准备是指在正式开展作业活动前进行的技术准备工作。技术准备工作的质量控制包括：对技术准备工作成果的复核审查，检查这些成果是否符合设计图样和工程技术标准的要求；依据经过审批的质量计划审查、完善工程质量控制措施；针对质量控制点，明确质量控制的重点对象和控制方法；尽可能地提高上述工作成果对质量的保证程度等。

现场准备工作的质量控制包括计量控制、测量控制、平面图控制。

5.3 质量验收

5.3.1 项目质量验收的层次

施工过程质量验收主要是指检验批和分项、分部工程的质量验收。

1. 工作过程质量验收

各个专业工程施工质量验收规范都明确规定了各分项工程的施工质量的基本要求，规定了分项工程检验批量的抽查办法和抽查数量，规定了检验批主控项目、一般项目的检查内容和允许偏差，规定了对主控项目、一般项目的检验方法，规定了各分部工程验收的方法和需要的技术资料等，同时对涉及人民生命财产安全、人身健康、环境保护和公共利益的内容以强制性条文做出规定，要求必须坚决严格遵照执行。

检验批和分项工程是质量验收的基本单元；分部工程是在所含全部分项工程验收的基上进行验收的，在施工过程中随完工随验收，并留下完整的质量验收记录和资料。

检验批应由项目技术工程师组织项目专业质量检查员、专业工长等进行检验批质量验收，验收合格应符合下列规定：

1）主控项目和一般项目的质量经抽样检验合格。

2）具有完整的施工操作依据、质量检查记录。

分项工程的质量验收在检验批验收的基础上进行，分项工程应由专业工程师组织单位项目专业技术负责人进行验收。分项工程质量验收合格应符合下列规定：

1）分项工程所含的检验批均应验收合格。

2）分项工程所含的检验批的质量验收记录应完整。

分部工程质量验收合格应符合下列规定：

1）分部工程所含分项工程的质量均应验收合格。

2）质量控制资料应完整。

3）有关安全、节能、环境保护和主要使用功能的抽样检验结果应符合有关规定。

4）观感质量验收应符合要求。

2. 竣工质量验收

项目竣工质量验收是项目质量控制的最后一个环节，未经验收或验收不合格的工程不得交付使用。

工程项目竣工质量验收的依据有

1）国家相关法律法规和建设主管部门颁布的管理条例和办法。

2）工程施工质量验收统一标准。

3）专业工程施工质量验收规范。

4）批准的设计文件、施工图样及说明书。

5) 工程施工承包合同。

6) 其他相关文件。

竣工质量验收的标准、质量验收的程序及组织要符合法律法规的规定。工程符合下列条件方可进行竣工验收：

1) 完成工程设计和合同约定的各项内容。

2) 对工程质量进行检查，确认工程质量符合有关法律、法规和工程建设强制性标准，符合设计文件及合同要求，并提出工程竣工报告，有关负责人审核签字。

3) 有完整的技术档案和管理资料。

4) 法律、法规规定的其他条件。

5.3.2 施工质量不合格的处理

1. 工程质量问题

GB/T 19000—2016《质量管理体系：基础和术语》对工程质量不合格的定义：工程产品没有满足质量要求即为质量不合格；而与预期或规定用途有关的质量不合格，称为质量缺陷。工程质量不合格影响使用功能或工程结构安全，造成永久质量缺陷或存在重大质量隐患，甚至直接导致工程倒塌或人身伤亡，必须进行返修、加固或报废处理，按照由此造成直接经济损失的大小分为质量问题和质量事故。

2. 工程质量事故

按照工程质量事故造成的人员伤亡或者直接经济损失，将工程质量事故分为4个等级：特别重大事故、重大事故、较大事故、一般事故。

按照事故责任分类：指导责任事故；操作责任事故；自然灾害事故。

质量事故发生的原因大致有4类：技术原因、管理原因、社会经济原因、人为事故和自然灾害原因。

质量事故预防的具体措施：

1) 严格按照基本建设程序办事。

2) 认真做好工程地质勘查。

3) 科学地加固处理好地基。

4) 进行必要的设计审查复核。

5) 严格把好建筑材料及制品的质量关。

6) 对施工人员进行必要的技术培训。

7) 依法进行施工组织管理。

8) 做好应对不利施工条件和各种灾害的预案。

9) 加强施工安全与环境管理。

3. 质量问题和质量事故的处理

质量事故处理的依据：

1) 质量事故的实况资料。

2) 有关合同及合同文件。

3）有关的技术文件和档案。

4）相关的建设法规。

质量事故的处理程序：

1）事故调查。

2）事故的原因分析。

3）制订事故处理的方案。

4）制订事故处理的技术方案。

5）事故处理。

6）事故处理的鉴定验收。

7）提交事故处理报告。

质量事故处理的基本要求：

1）质量事故的处理应达到安全可靠、不留隐患、满足生产和使用要求、施工方便、经济合理的目的。

2）消除造成事故的原因，注意综合治理，防止事故再次发生。

3）正确确定技术处理的范围及正确选择处理的时间和方法。

4）切实做好事故处理的检查验收工作，认真复查事故处理。

5）确保事故处理期间的安全。

质量事故处理的基本方法：修补处理、加固处理、返工处理、限制使用、不做处理、报废处理。

一般可不做处理的情况有

1）不影响结构安全和使用功能的。

2）后道工序可以弥补的质量缺陷。

3）法定检测单位鉴定合格的。

4）出现的质量缺陷，经检测鉴定达不到设计要求，但经单位核算，仍能满足安全和使用功能。

5.3.3 数理统计方法在工程质量管理中的应用

为了取得精确质量控制，统计过程控制（Statistical Process Control，SPC）应运而生，SPC 就是应用对过程中的各个阶段收集的数据进行分析，并调整制程，从而达到改进与保证质量的目的。SPC 强调预防，防患于未然是 SPC 的宗旨。

SPC 方法是一种基于数理统计的方法，常见的数理统计方法有分层法、因果分析图法、排列图法、直方图法等。

1. 分层法的应用

由于项目质量的影响因素众多，对工程质量状况的调查和质量问题的分析，必须分门别类进行，以便准确有效地找出问题及其原因所在，这就是分层法的基本思想。

应用分层法的关键是调查分析的类别和层次划分，根据管理需要和统计目的，通常可按施工时间、地区部位、产品材料、检测方法、作业组织、工程类型、合同结构等分层方法取得原始数据。

经过第一次分层调查和分析，找出主要问题所在，还可以针对这个问题再次分层调查分析，一直到分析结果满足管理需要为止。层次类别划分越明确、越细致，就越能够准确有效地找出问题及其原因所在。

2. 因果分析图法的应用

因果分析图法又称质量特性原因分析法，是对每一个质量特性或问题逐层深入排查可能原因，然后确定其中最主要的原因，进行有的放矢地处置和管理。

应用因果分析图法时，应注意的事项如下：

1）一个质量特性或一个质量问题使用一张图分析。
2）通常采用 QC 小组活动的方式进行。
3）必要时可以邀请小组以外的有关人员参与，广泛听取意见。
4）分析时要充分发表意见，层层深入，列出所有可能的原因。
5）在充分分析的基础上，由各参与人员采用投票或其他方式，从中选择多数人达成共识的最主要原因。

3. 排列图法的应用

排列图具有直观、主次分明的特点。累计频率在 0~80% 为 A 类问题，即主要问题，进行重点管理；累计频率在 80%~90% 为 B 类问题，即次要问题，作为次重点管理；累计频率在 90%~100% 为 C 类问题，即一般问题，按照常规适当加强管理。这种方法称为 ABC 分类管理法。

4. 直方图法的应用

直方图的主要用途：

1）整理统计数据，了解统计数据的分布特征，从中掌握质量能力状态。
2）观察分析生产过程质量是否处于正常、稳定和受控状态及质量水平是否保持在公差允许的范围内。

直方图的应用，首先是收集当前生产过程质量特性抽检的数据，然后制作直方图进行观察分析，判断生产过程的质量状况和能力。

直方图的形状观察分析：正常直方图呈正态分布，异常直方图呈偏态分布。常见的异常直方图有折齿型、陡坡型、孤岛型、双峰型和峭壁型。

直方图的位置观察分析：直方图位置观察分析是将绘制的直方图的分布位置与质量控制标准的上、下限范围进行比较分析。

5.4 电子元器件工程项目的质量管理实例

随着企业间竞争的加剧，产品质量对企业来说变得越来越重要。企业通过提高产品质量可以提升企业竞争力，从而使企业在国际化竞争中处于有利地位。工程项目在质量管理方面可以借鉴企业成熟的质量控制方式和方法，并在管理过程中注重创新，灵活运用，达到项目的圆满完成。

5.4.1 某研究所电子元器件国产化项目的质量管理实例

1. 项目基本情况

电子元器件是信息技术的核心，国产化是自强、自立、自主的必由之路，但是目前大规模集成电路、大功率器件、光电器件等电子元器件仍有一部分依赖进口，因此电子元器件国产化项目的研究具有重大意义。电子元器件国产化项目是主要考虑产品的功能、性能、封装等方面，并结合产品的应用领域而区分替代的一种研发项目。

某研究所以生产固态功率器件和射频微系统等为主要产品，拥有多个国家级实验室和应用中心及一支高素质的专业技术人才队伍，具备一流的科研生产设备和技术开发实力。本研究所是国内微波毫米波封装产品品种最为齐全、年产量最大的单位，有国内首条8英寸微波毫米波封装外壳多层陶瓷工艺研发线，实现了相应电子元器件配套外壳的国产化。

目前流行的几种国产化替代类型如下：

1）直接替代，即引脚完全兼容，功能参数相同。
2）基本替代，即引脚完全兼容，功能参数不完全相同。
3）功能替代，即功能完全相同，但封装形式不同。
4）相似替代，即功能相似，但是不完全等效。

其中，封装形式是考虑因素之一，图 5.2 所示为 PCB 上常见的几种封装。

图 5.2　PCB 上常见的几种封装

追求在参数指标、封装外形大小、质量可靠性水平等方面的完全替代是无法实现的，因此，国产化替代的重点工作在于功能和性能的替代，以提高国产化电子元器件的应用率。国产电子元器件在实际应用过程中存在功能、性能及可靠性方面的问题，为提高应用率，必须提高复杂项目（跨单位、多人员）的质量管理水平。

电子元器件国产化项目的实施分为4大阶段,包括确定需求阶段、产品研制阶段、产品生产阶段和产品认证阶段等。新型号电子元器件国产化项目的实施流程见表5.1。

表5.1 新型号电子元器件国产化项目的实施流程

电子元器件国产化项目的实施流程	确定需求阶段	识别客户需求
		确定产品要求
		立项评审
		签订立项合同书
		立项、组织项目组、确定负责人
	产品研制阶段	制作版图,设计内部布线
		结构设计、热仿真、微波仿真
		工艺流程设计
		产品质量保证计划
	产品生产阶段	采购
		产品试制、生产、检验
	产品认证阶段	考核认证/交付
		维护/服务

2. 项目质量管理

在项目实施过程中,根据当前项目的特点和企业质量管理的要求,编制项目实施的相关质量管理标准,包括文档管理与命名标准、产品技术状态控制标准、需求调研确认标准、产品研发技术标准、技术状态变更流程标准、产品质量控制计划等。图5.3给出了项目的质量管理计划和依据。

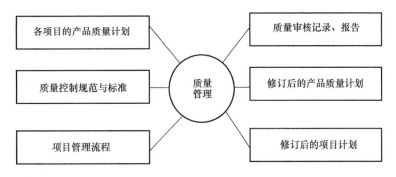

图5.3 项目的质量管理计划和依据

为了质量控制,本项目团队将历年来国产化电子元器件在使用或整机验证过程中暴露出来的问题进行了统计,并将出现概率较高的几个问题进行了总结。图5.4给出了国产化电子元器件(在航空航天、地面通信等整机应用中反馈的)质量问题统计柱状图。

产品的质量问题使电子元器件的推进工作受阻,也导致用户对国产化电子元器件的应用产生了抵制情绪。为改善这种局面,项目组采用PDCA的质量工具实施质量改进,图5.5列出了国产化电子元器件存在质量问题的原因分析。

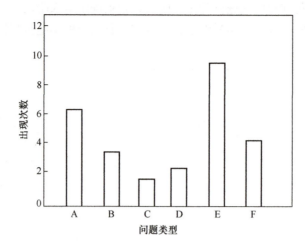

图 5.4 国产化电子元器件质量问题统计柱状图

A—参数不匹配　B—测试范围覆盖不全　C—测试方法差异导致参数误差
D—外形不匹配　E—隐性特征不匹配　F——致性水平低

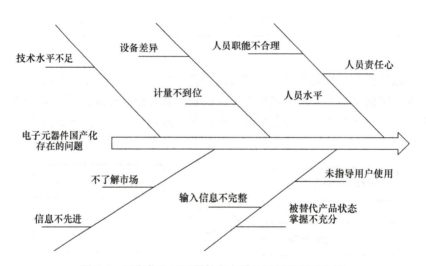

图 5.5　国产化电子元器件存在质量问题的原因分析

对于质量原因，项目组提出一套系统化的改进方案：P 阶段在项目质量管理过程中为项目的质量管理策划阶段，D 阶段为落实项目质量管理方案的环节，C 阶段是对质量管理方案检验的环节，A 阶段是对再次发现的质量管理不足进行改进直至被研究对象达到应有的效果。项目组提出了各阶段的质量控制文件，表 5.2 给出了各阶段质量控制的技术状态清单。

表 5.2　各阶段质量控制的技术状态清单

阶段划分	阶段工作	各阶段需输出并归档的文件资料
产品策划	产品实现的策划	《用户需求信息调查表》 《产品通用规范》 《产品运行策划报告》

(续)

阶段划分	阶段工作	各阶段需输出并归档的文件资料
产品研制	产品实现的方案设计及评审 首件试制 首件鉴定 质量评审	《设计文件》《工艺文件》 《主要原材料明细表》 《设计评审报告》《工艺评审报告》 《研制总结报告》《产品详细规范》 《首件质量分析报告》 《生产准备状态检查报告》
产品验收	用户试用 产品验收	《鉴定试验大纲》《筛选报告》 《检验报告》《产品随行文件》 《产品质量评审报告》 《用户试用报告》

表5.3给出了国产化电子元器件的部分关键特性指标要求，表中对特殊指标的具体化，使后续生产实现变得更加具有针对性，过程质量控制变得更加有的放矢，这一环节的落实是实现项目质量控制的关键。

表5.3 国产化电子元器件的部分关键特性指标要求

电性能	绝缘电阻	在一定湿度条件下，施加500V直流电压，测量外壳的绝缘电阻
	引线电阻	射频端口引线电阻测试
	电压驻波比	在频率条件下，按照规定的测试方法，测量传输端子电压驻波比
	插入损耗	在频率条件下，按照规定的测试方法，测量传输端子插入损耗
	隔离度	在频率条件下，按照规定的测试方法，测量外壳的隔离度
工艺适应性	密封	外壳密封漏率
	内部氢含量	外壳封口后内部氢气含量
可靠性	温度循环	按国标试验条件，100次循环
	耐湿	国标10次循环
	盐雾	国标48h
	PIND	有

注：PIND（Particle Impact Noise Detection，颗粒碰撞噪声检测仪），用于电子元器件封装检测。

根据项目组提出的质量控制，表5.4给出了实施质量管理改进后的8~12个月，国产化电子元器件的质量验证情况。可以看出，通过各个阶段多种验证方式考核后，问题数量持续减少。

表5.4 实施质量管理改进后的8~12个月，国产化电子元器件的质量验证情况

验证阶段	验证批次数	验证合格批次数	验证不通过批次	通过率
电子元器件级	900	881	19	97%
组件级	503	495	8	98%
系统级	495	491	4	99%

通过对国产化电子元器件项目制定有效的质量管理改进措施，使本研究所在国产化电子元器件项目的质量管理中有了清晰的思路。通过本项目的顺利完成，形成了一整套质量体系实施文件和表单，形成了国产化电子元器件项目的实施流程和评审机制。

5.4.2 某半导体公司真空系统项目的质量管理实例

1. 项目基本情况

芯片生产制造涉及多个工艺环节，生产过程复杂，需要生产设备的高质量稳定运行才能保证平稳生产，但是某半导体公司在真空设备运行工作上存在质量管理的问题，影响产品的稳定性。本项目旨在通过质量管理手段，针对真空系统设备的运行情况建立一套有效质量管理模式，提高真空系统设备运行质量，对未来国内半导体行业及设备质量管理领域的发展给出更多参考。图5.6给出了一种常见的真空系统设备——真空泵。

图5.6 一种常见的真空系统设备——真空泵

本半导体公司是一个芯片制造企业，其在国内芯片生产制造领域处于上游水平，项目组对该公司的真空系统设备从可靠性问题入手进行FMEA（Failure Mode Effects Analysis，失效模式及后果分析），表5.5和表5.6分别给出了设备可靠性问题严重度评分和发生频率的评分。其中，设备失效严重度（Severity）用缩写字母S表示；设备失效发生频率（Occurrence）用缩写字母O表示；设备失效探测度（Detectability）用缩写字母D表示。探测度的定义是发现失效模式的难易程度，是一个比较主观的概念，不太好量化。探测度的区分度主要体现在相关技术人员的专业程度、检测装置灵敏度、设备本身自动化程度等方面的综合考量。

表5.5 设备可靠性问题严重度的评分

严重度	后果	后果的严重性
10	没有警告的严重危害	无征兆，突然失效，危害设备及人身安全
9	没有警告的危害	无征兆，设备突然失效
8	Offline测试不通过	测试结果不合格，无法满足生产需要
7	设备恢复时间长，花费高，损坏非常规备件	设备功能丧失，需要一周以上恢复，备件昂贵且非标件
6	设备恢复时间短，花费高，损坏常规备件	设备功能丧失，一周以内可以恢复，备件昂贵但为标件
5	设备恢复时间长，花费高，无备件损坏	设备无备件损坏，需要一周以上恢复，备件昂贵
4	设备恢复时间长，花费低，无备件损坏	设备无备件损坏，需要一周以上恢复，不会产生高昂费用
3	设备恢复时间短，花费低，无备件损坏	设备无备件损坏，一周以内恢复
2	设备误报警	只需操作设置即可恢复
1	设备警告	只需确认即可

表 5.6 设备可靠性问题发生频率的评分

频率	发生的可能性	可能的失效率（%）
10	很高，每个班制都会发生	100
9	很高，每天都会发生	>36
8	高，每周都会发生	>4.8
7	高，每十天都会发生	>3.6
6	中等，每月都会发生	>1.2
5	中等，每季度都会发生	>0.4
4	低，每半年都会发生	>0.2
3	低，每年都会发生	>0.1
2	很低，每几年都会发生	<0.1
1	极低，几乎不发生	<0.01

2. 项目质量管理

本公司真空设备存在的质量管理问题包括解决质量问题的技术投入不够、解决质量问题周期缓慢、突发质量问题处置效率低、设备质量问题管理系统不够完善、质量管控机制不健全且过度依赖设备厂商、缺乏质量问题知识库支撑等。项目组提出了改进措施，建立了有效的质量管理组织结构，如图 5.7 所示。

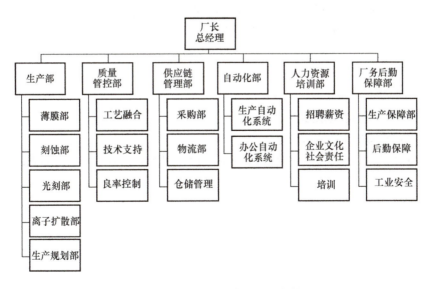

图 5.7 某公司的质量管理组织结构图

经过质量管理的改进，真空泵高温报警得到改善。表 5.7 给出了真空泵高温报警 SOD 整改前后得分对比。

表 5.7　真空泵高温报警 SOD 整改前后得分对比

阶段	失效原因	造成影响	SOD	总分
整改前	1）厂务冷却水供给不够，造成真空泵冷却性能差 2）组装时零件安装间隙没调整好，造成真空泵温度升高	丢失真空，产品报废	466	144
整改后	1）新安排现场技术员进行厂务水流量的巡检，每周一次 2）加强真空泵厂商零件装配质量，提高对零件安装间隙的合格要求	—	433	36

整体管理阶段及安排见表 5.8，利用 PDCA 循环提高设备质量管理，降低质量问题的发生频率。

表 5.8　整体管理阶段及安排

阶段	过程
计划阶段（P）	分析情况、查找问题、确定目标
	明确质量问题内容
	明确工作重点
执行阶段（D）	落实相关责任到个人，执行计划
检查阶段（C）	检查计划的执行结果，并进行效果评估，总结经验
	对发现的质量问题及时纠正
处理阶段（A）	将发现的质量问题纳入质量问题资源库中
	将仍未解决的问题转投入下一个循环继续解决

最后，项目组提出质量管理改进方案实施的保障措施包括营造质量管理的文化、培训质量管理的人才、重视和完善质量管理体系建设等。

习　题

1. 简述质量管理的要素及其含意。
2. 简述质量管理的 PDCA 循环。
3. 通过各种平台，查找电子元器件项目的质量管理实例，运用本章的知识综合分析。

第6章 风险管理

> 管理风险的能力,以及进一步承担风险以做长远选择的偏好,是驱动经济系统向前发展的关键因素。
>
> ——彼得·伯恩斯坦(Peter Bernstein)

工程项目的不确定性会带来很多风险,造成不同的损失,有些级别高的风险将超过企业的承受能力。风险管理可以在决策的诸多领域给予企业指导,避免或降低项目工程中风险带来的损害。

项目风险的种类多样、来源复杂,涉及广阔的领域,各领域对风险的定义也各有不同,但风险的本质是一样的,正确理解风险并做出恰当的风险管理决策,进而在未来竞争中才能稳步前行。

本章首先讲述风险评估,包括风险的种类,以及职业风险、合同风险和危险源的识别等;接下来给出风险计划,包括项目组织计划;然后讲述风险控制,包括工作中的风险管理、职业健康措施、工程保险等,最后以实例做总结。

6.1 风险评估

在工程项目的实践过程中,项目决策阶段总是期望对项目有关的各种事务能够做到准确无误的预测,而且各个工序都按照计划不出意外地运行,但是工程项目已经是人类最复杂的活动之一,各种有关事务的运动相互影响、相互制约、错综复杂,任何学科至今还不能对其研究领域的各种运动规律给出一个完全正确的判断,即很多事物常常表现为不确定(Uncertainty)的变化形式,因此,工程项目的运行中会遇到种种风险。

6.1.1 风险的基本概念与管理流程

为了说明企业或项目的风险,以及风险的类型,先引用一个实例,然后判断是什么类型的风险。

[**实例1**] O公司是国内著名的手机制造大厂之一,为消费市场提供高质量的手机产品和服务。2019年,为了掌握和提升手机芯片技术,O公司成立了Z子公司,助攻"造芯"科技,因为芯片技术已经成为手机厂商之间竞争的主要赛道。Z公司的产品线涵盖核心应用处理器、短距通信、5G-Modem、射频、ISP和电源管理芯片等业务,这些技术是手机制造过程中至关重要的组成部分。但是,近年来,由于全球经济和手机市场的不确定性,O公司宣布终止Z子公司的业务,并于2023年5月解散,终止所有员工的劳动合同。外部环境给

芯片业务带来了风险,终止 Z 公司的业务可能是为了规避风险而做出的决定,也是一个比较保守的决策。风险是什么?这个案例中有哪些风险?

(1) 风险的定义

在进行风险评估之前,要先了解风险的性质。风险与人类活动的目标相关,当人类从事某种活动时,总会设定一种期望,如果对这个期望的实现没有把握,这项活动就会被认为有风险;风险的损失和收益相关,当某项活动可以给人类带来巨大好处时,其风险造成的损失往往也是巨大的;风险与运动变化有关,项目的完成需要一个过程,世间万物皆在运转,项目有关的内外环境时刻都在变化,条件约束的改变会引起结果改变,造成风险。

在国际标准组织(ISO)发布的 ISO Guide 73:2009《风险管理 术语》中对风险进行了定义和解释:不确定性对目标的影响。风险的定义反映了风险的本质:风险指的是损失的不确定性,对工程项目管理而言,风险是指可能出现的影响项目目标实现的不确定因素。同时,定义又给出了 5 个注解,即注 1:影响是指偏离预期,可以是正面的和/或负面的;注 2:目标可以是不同方面(如财务、健康与安全、环境等)和层面(如战略、组织、项目、产品和过程等)的目标;注 3:通常用潜在事件、后果或者两者的组合来区分风险;注 4:通常用事件后果(包括情形的变化)和事件发生可能性的组合来表示风险;注 5:不确定性是指对事件及其后果或可能性的信息缺失或了解片面的状态。

(2) 风险的等级

确定和不确定不仅是人类的心理活动,也是客观性的数学问题,可以把不确定的水平分为以下 3 个等级,见表 6.1。

表 6.1 不确定的水平

不确定程度	等级	内容	性质
高 ↑ ↓ 低	第 3 级	未来的结果与发生的概率均无法确定	不确定
	第 2 级	知道未来会有哪些结果,但每一种结果发生的概率无法客观确定	主观不确定
	第 1 级	未来有多种结果,每一种结果及其概率可知	客观不确定
	无	结果可以精确预测,风险与不确定性等于零	完全确定

风险可以用风险量来衡量,风险量反映不确定的损失程度和损失发生的概率。风险等级由风险发生概率等级和风险损失等级间的关系矩阵确定,见表 6.2。

表 6.2 风险等级矩阵表

风险等级		损失等级			
		1	2	3	4
概率等级	1	Ⅰ级(蓝)	Ⅰ级(蓝)	Ⅱ级(黄)	Ⅱ级(黄)
	2	Ⅰ级(蓝)	Ⅱ级(黄)	Ⅱ级(黄)	Ⅲ级(橙)
	3	Ⅱ级(黄)	Ⅱ级(黄)	Ⅲ级(橙)	Ⅲ级(橙)
	4	Ⅱ级(黄)	Ⅲ级(橙)	Ⅲ级(橙)	Ⅳ级(红)

GB/T 50326—2017《建设工程项目管理规范》将工程建设风险事件按照不同风险程度分为 4 个等级:

1）一级风险：风险等级最高，风险后果是灾难性的，并造成恶劣的社会影响和政治影响。

2）二级风险：风险等级较高，风险后果严重，可能在较大范围内造成破坏或人员伤亡。

3）三级风险：风险等级一般，风险后果一般，对工程建设可能造成破坏的范围较小。

4）四级风险：风险等级较低，风险后果在一定条件下可以忽略，对工程本身及人员等不会造成较大损失。

（3）风险的类型

从工程科目来划分，风险的类型有经济与管理风险、工程环境风险、组织风险和技术风险等。组织风险包括组织结构模式、工作流程组织、任务分工和管理职能分工等与人有关的风险。技术风险包括设计、方案、材料、机械等方面的风险。

图 6.1 给出了企业以风险的货币计量为基础的主要风险类型。

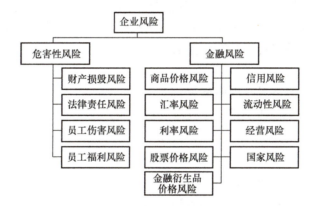

图 6.1　企业以风险的货币计量为基础的主要风险类型

（4）项目风险管理的工作流程

项目风险管理过程包括项目实施全过程的项目风险识别、项目风险评估、项目风险对策和项目风险监控。其中，风险评估是对风险的量化。常见的风险对策有规避、减轻、自留、转移（向保险公司投保）和组合，如图 6.2 所示。

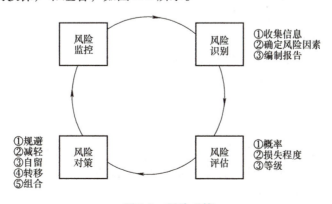

图 6.2　风险对策

6.1.2 工程项目中的职业健康安全与环境管理

在前面的风险类型中有员工伤害风险和员工福利风险，员工受到了工伤范围内所指的人身伤害，按照员工赔偿法企业必须进行赔偿，以及承担其他法律责任的风险。一般企业都会制订员工福利计划，当员工死亡、生病或伤残时，同意给予一定的费用支付，而这些费用的支付是不确定的，称为员工福利风险。

1. 职业健康安全与环境管理的目的

职业健康安全与环境管理的特点具有复杂性、多变性、协调性、持续性、经济性、多样性等。职业健康安全管理的目的是防止和尽可能减少生产安全事故、保护产品生产者的健康与安全、保障人民群众的生命和财产免受损失，即控制影响或可能影响工作场所内的员工或其他工作人员（包括临时工和承包方员工）、访问者或任何其他人员的健康安全的条件和因素，避免因管理不当，对在组织控制下工作人员的健康和安全造成危害。

环境管理的目的是保护生态环境，使社会经济发展与人类生存环境相协调。企业应采取措施控制施工现场的各种粉尘、废水、废气、固体废弃物以及噪声、振动对环境的污染和危害，并且要注意节约资源和避免资源的浪费。

2. 职业健康安全管理体系

GB/T 24001—2016《环境管理体系 要求及使用指南》明确了环境管理体系的组织、环境、范围、目标和要求等概念。组织运行活动的外部存在，包括空气、水、土地、自然资源、植物、动物、人，以及它们之间的相互关系。污染预防（Environmental Objective）是指为了降低有害环境的影响而采用（或综合采用）过程、惯例、技术、材料、产品、服务或能源，以避免、减少或控制任何类型的污染物或废物的产生、排放或废弃。图6.3 给出了对环境管理体系工作的管理模式，包括PDCA模式中的P（策划）、D（实施与运行）、C（绩效评价，包含检查和管理评审）和A（持续改进）等。

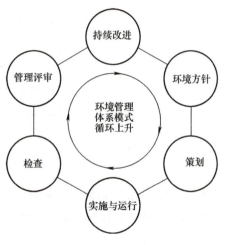

图6.3 对环境管理体系工作的管理模式

职业健康安全管理体系包括17个基本要素，其中，核心要素包含以下10个：职业健康安全方针；危险源辨识、风险评价和控制措施的确定；法律法规和其他要求；目标和方案；资源、作用、职责、责任和权限；合规性评价；运行控制；绩效测量和监视；内部审核；管理评审。

3. 职业健康安全与环境

职业健康安全是指影响或可能影响工作场所内的员工或其他工作人员（包括临时工和承包方员工）、访问者或任何其他人员的健康安全的条件和因素。

环境是指组织运行活动的外部存在，包括空气、水、土地、自然资源、植物、动物人，以及它（他）们之间的相互关系。

第6章 风险管理

4. 职业健康安全与环境的风险损失

职业健康引起的伤害属于危害性风险，任何一次危害性风险导致风险事故所造成的损失形态均离不开这些类型。例如，当一个制造企业遭受火灾，被烧毁的厂房和机器设备为直接损失，如果有员工受到伤害，或者烧毁了寄托人存放在此的财物，所发生的费用也都是直接损失。图6.4给出了企业危害性风险的主要损失类型。

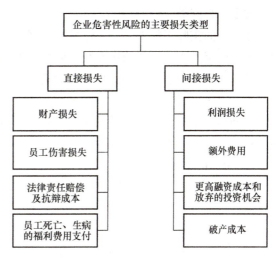

图6.4 企业危害性风险的主要损失类型

5. 职业健康与环境风险评估流程

职业健康与环境风险评估体系：领导决策；成立工作组；人员培训；初始状态评审；制定方针、目标、指标和管理方案；管理体系策划与设计；体系文件编写；文件的审查、审批和发布。

职业健康与环境风险评估体系文件包括管理手册、程序文件、作业文件共3个层次。

体系风险评估流程是指按照已建立体系的要求实施，其实施的重点：培训意识和能力；信息交流；文件管理；执行控制程序；监测；不符合、纠正和预防措施；记录等。体系风险评估主要是保证内部审核、管理评审和合规性评价的有效性。职业健康与环境风险评估流程见表6.3。

表6.3 职业健康与环境风险评估流程

要素名称		执行人	目的	时间间隔
内部审核		组织（内审员）	检查和评价体系是否正常运行及是否达到了规定的目标	—
管理评审		最高管理者	判断组织的管理体系面对内部情况和外部环境的变化是否充分适应有效	—
合规性评价	项目	项目经理	履行遵守法律法规要求的承诺	1次/半年
	企业	管理者代表		1次/年

6.1.3 工程项目的合同风险

1. 合同种类

工程项目的活动广泛而复杂，干系人众多，在工程实践中，有大量的合同工作需要管理，根据工程的实际情况，制定不同的合同，种类有总价合同、可调总价合同、单价合同、成本加酬金合同等。

在项目的实际工作中，当工作量特别复杂，而工程技术、结构方案不能预先确定，或者尽管可以确定工程技术和结构方案，但是不可能进行竞争性的招标活动并以总价合同或单价合同的形式确定承包商，如研究开发性质的工程项目，常常使用成本加酬金合同。

2. 风险类型

合同风险是指合同中的及由合同引起的不确定性。任何合同都有风险，其产生的原因如下：

1）合同的不确定性。

2）在复杂的、无法预测的社会中，一个工程的实施会存在各种各样的风险事件，人们很难预测未来事件，无法根据未来情况做出计划，往往是计划不如变化，如不利的自然条件、工程变更、政策法规的变化、物价的变化等。

3）合同的语句表达不清晰、不细致、不严密、矛盾等，可能造成合同的不完全，容易导致双方理解上的分歧而发生纠纷，甚至发生争端。

4）由于合同双方的疏忽未就有关事宜订立合同，而使合同不完全。

5）交易成本的存在。

6）信息的不对称。

7）机会主义行为的存在。

工程项目在实施中，由合同引入的风险表现类型如下：

1）外部风险，如社会因素造成的风险。

2）经济风险，如物价、税收造成的风险。

3）人为或技术性风险，如合同条款不合理、不完善造成的合同条款风险，以及由治理、技术而造成的其他风险。

合同风险还可以按产生的原因分类：

1）合同工程风险：指客观原因和非主观故意导致的风险。

2）合同信用风险：指主观故意原因导致的风险或损失。

按合同的不同阶段进行分类：

1）合同订立风险。

2）合同履约风险。

如何安排项目干系人之间的风险分担，是合同规定中的一个重要内容。

6.1.4 危险源的识别

电子元器件工程项目的一个特点就是在工作中必然要使用很多有害液体、危险气体和大量容易造成危险的设备等，这些物料或工具称为危险源，需要严防、严控。图6.5给出了工程项目中常见的危险源控制系统。

重大危险源控制系统有重大危险源的辨识、重大危险源的评价、重大危险源的监察、重大危险源的管理、重大危险源的安全报告、工厂选址和土地实用规划及事故应急救援预案等。

危险源识别方法有现场调查法、专家调查法、德尔菲法、危险与可操作性研究法、工作

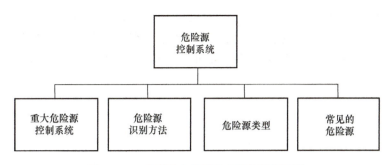

图 6.5　工程项目中常见的危险源控制系统

任务分析法、安全检查表法、头脑风暴法、事件树分析法和故障树分析法。

危险源的类型有高坠类、机械类、火灾类、爆炸类、辐射类、物质类、电器类等。

常见的危险源有高处坠落、物体打击、触电、机械伤害和基坑坍塌。

风险识别是项目风险分析的第一步,风险识别包括确定风险源、风险产生的条件、描述其风险特征和确定哪些风险事件有可能影响项目。风险识别不是一次就可以完成的工作,应当在项目的自始至终定期进行。利用工作风险分解法进行风险识别,将项目的工作分解成 WBS（Work Breakdown Structure）树,作为下一步风险计划的基础,如图 6.6 所示。

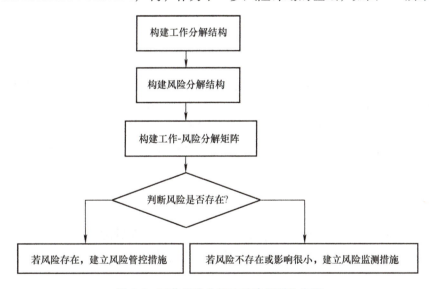

图 6.6　工作风险分解法风险识别的步骤

6.2　风险计划

风险计划的制定是项目决策阶段的任务之一,所谓未雨绸缪。如今风险管理进入标准化管理阶段,通过规范化、标准化的风险计划,加强风险管理的绩效。以通用风险管理标准、风险管理技术为基础,在专业项目中,如航天系统、设备制造、器件研发等领域,制定相应的风险计划,可以提高风险管理工作的效率。

国际标准化组织（ISO）的技术管理委员会（Technical Management Board，TMB）设置了风险管理术语在工作组，制定了《风险管理 术语 在标准中的使用指南》，其中，国际电工技术委员会（International Electro Technical Commission，IEC）指南可为电子元器件项目的风险管理提供指导。

6.2.1　生产中的风险计划

1. 安全生产管理制度

在风险计划中，制定相应的安全生产管理制度，主要包括以下几个方面：安全生产责任制度；安全生产许可证制度；安全生产监督检查制度；安全生产教育培训制度；安全措施计划制度；特种作业人员持证上岗制度；专家论证制度；危及安全的工艺、设备、材料淘汰制度；安全检查制度；生产安全事故报告和调查处理制度；安全预评价制度；工伤和意外伤害保险制度等。

安全生产教育培训制度是企业和项目对人员进行风险管理的风险计划内容，企业安全生产教育培训一般包括对管理人员、特种作业人员和企业员工的安全教育。员工的安全教育主要有上岗前的三级安全教育、改变工艺和变换岗位安全教育、经常性安全教育共三种形式。三级安全教育对建设工程来说，具体指企业（公司）、项目（或工区、工程处、施工队）、班组共三级。

2. 安全措施计划制度

安全措施计划的范围应包括改善劳动条件、防止事故发生、预防职业病和职业中毒等内容，具体包括安全技术措施、职业卫生措施、辅助用房间及设施、安全宣传教育措施。

特种作业人员持证上岗制度，其应用对象包括垂直运输机械作业人员、安装拆卸工、爆破作业人员、起重信号工、登高架设作业人员等特种作业人员。特种作业人员必须按照国家有关规定经过专门的安全作业培训，并取得特种作业操作证后，方可上岗作业。

6.2.2　安全生产管理预警与计划

1. 安全生产管理预警体系的要素

事故的发生和发展是人的不安全行为、物的不安全状态及管理的缺陷等方面相互作用的结果。预警体系应由外部环境预警系统、内部管理不良预警系统、预警信息管理系统和事故预警系统共4个部分构成。

1）外部环境预警系统：自然环境突变的预警、政策法规变化的预警、技术变化的预警。

2）内部管理不良预警系统：质量管理预警、设备管理预警、人的行为活动管理预警。

预警体系的建立以及时性、全面性、高效性、客观性等作为建立原则，预警体系功能的实现主要依赖于预警分析和预控对策两大子系统作用的发挥。

预警分析完成监测、识别、诊断与评价功能，主要由预警监测、预警信息管理、预警评价指标体系构建和预警评价等工作内容组成，应关注预警评价指标、预警方法、预警评价。

预控对策完成对事故征兆的不良趋势进行纠错和治错的功能，一般包括组织准备、日常监控和事故危机管理共3个活动阶段。

预警分析和预控对策具有不同的内容，前者主要是对系统隐患的辨识，对象是在正常生产活动中的安全管理过程；后者是对事故征兆的不良趋势进行纠错、治错的管理活动，对象是已被确认的事故现象。但两者相辅相成，预警分析是预警体系完成其职能的前提和基础，预控对策是预警体系职能活动的目标，不论生产活动处于正常状态还是事故状态，预警分析的活动对象总是包容预控对策的活动对象。

预警体系的运行包括监测、识别、诊断、评价这4个环节的预警活动，是前后顺序的因果联系。

2. 安全技术措施和技术交底计划

安全控制计划的目标：减少或消除人的不安全行为的目标；减少或消除设备、材料的不安全状态的目标；改善生产环境和保护自然环境的目标。控制计划的要求是控制面广、控制的动态性、控制系统的交叉性、控制的严谨性。

控制计划的程序：确定每项具体建设工程项目的安全目标→编制建设工程项目安全技术措施计划→安全技术措施计划的落实和实施→安全技术措施计划的验证→持续改进。

安全技术措施计划的一般要求：必须在开工前制订；要有全面性、针对性；应力求全面、具体、可靠；必须包括应急预案；还要有可行性和可操作性等。

安全技术措施计划的主要内容：进入现场的安全规定；用电安全；机械设备的安全使用；专门的安全技术措施；有针对自然灾害预防的安全措施；预防有毒、有害、易燃、易爆等作业造成危害的安全技术措施；消防措施。

安全技术交底的主要内容：作业特点和危险点；针对危险点的具体预防措施；作业中应遵守的安全操作规程及应注意的安全事项；作业人员发现事故隐患应采取的措施；发生事故后应及时采取的避难和急救措施。必须实行逐级安全技术交底，包含潜在危险因素和存在问题，技术含量高、技术难度大的单项技术设计，应向工长、班组长进行详细交底，保持书面安全技术交底签字记录。

安全生产检查监督的主要类型有全面安全检查、经常性安全检查、专业或专职安全管理人员的专业安全检查、季节性安全检查、节假日安全检查、要害部门重点安全检查等。

工程安全隐患包括3个部分的不安全因素：人的不安全因素（能够使系统发生故障或发生性能不良事件的个人的不安全因素和违背安全要求的错误行为）、物的不安全状态（能导致事故发生的物质条件，包括机械设备或环境所存在的不安全因素）和组织管理上的缺陷。

工程安全隐患治理原则：冗余安全度治理原则（设置多道防线）、单项隐患综合治理原则（人、机、料、法、环的各环节）、事故直接隐患与间接隐患并治原则、预防与减灾并重治理原则、重点治理原则、动态治理原则。

工程安全隐患处理的方法：当场指正、限期纠正、预防隐患发生；做好记录并及时整改、消除安全隐患；分析统计、查找原因、制订预防措施；跟踪验证。

6.3 风险控制

风险控制是对各种风险因素的排除、制约过程，这些因素可能是有形的，如设备的物理特性；也可能是无形的，如不诚实的道德因素、粗心或疲劳的心理因素等。

6.3.1 工程安全事故控制和事故处理

1. 应急管理内容

风险控制计划是对特定的潜在事件和紧急情况发生时所采取措施的计划安排，是应急响应的行动指南。应急预案的制订，首先必须与重大环境因素和重大危险源相结合，还要考虑在实施应急救援过程中可能产生的新的伤害和损失。

应急控制体系包括综合应急预案、专项应急预案、现场处置方案（针对具体的装置、场所或设施、岗位所制订的应急处置措施，根据风险评估及危险性控制措施逐一编制）。

应急计划编制的要求：符合有关法律、法规、规章和标准的规定；结合本地区、本部门、本单位的安全生产实际情况；结合本地区、本部门、本单位的危险性分析情况；应急组织和人员的职责分工明确，并有具体的落实措施；有明确、具体的事故预防措施和应急程序，并与其应急能力相适应；有明确的应急保障措施，并能满足本地区、本部门、本单位的应急工作要求；预案基本要素齐全、完整，预案附件提供信息准确；预案内容与相关应急预案相互衔接。

风险控制编制的内容按照 GB/T 29639—2013《生产经营单位生产安全事故应急预案编制导则》的规定，包含综合应急风险控制、专项风险控制和现场处置风险控制。

综合应急控制包括危险性分析、组织机构及职责、预防与预警、应急响应、信息发布、后期处置、保障措施、培训与演练、奖惩、附则等。专项应急控制包括事故类型和危害程度分析、应急处置基本原则、组织机构及职责、预防与预警、信息报告程序、应急处置、应急物资与装备保障等。

2. 安全事故风险管理

工程生产安全事故应急管理包括应急预案的评审、备案、实施、奖惩。应急管理部门负责应急风险计划的综合协调管理工作。应急管理的实施包括宣传教育、演练（每年至少组织一次综合或者专项应急演练，每半年至少组织一次现场处置方案演练）。

有下列情形之一的，应急风险控制计划应当及时修订并归档：

1）依据的法律、法规、规章、标准及上位预案中的有关规定发生重大变化的。
2）应急指挥机构及其职责发生调整的。
3）面临的事故风险发生重大变化的。
4）重要应急资源发生重大变化的。
5）预案中的其他重要信息发生变化的。
6）在应急演练和事故应急救援中发现问题需要修订的。
7）编制单位认为应当修订的其他情况。

企业或项目单位应急预案修订涉及组织指挥体系与职责、应急处置程序、主要处置措施、应急响应分级等内容变更的，修订工作应当参照《生产安全事故应急预案管理办法》规定的应急预案编制程序进行，并按照有关应急预案报备程序重新备案。

6.3.2 职业健康风险

1. 风险控制类型

参照 GB 6441—1986《企业职工伤亡事故分类》，按照事故发生的原因分类，职业伤害事故可以分为 20 类，其中与建筑业有关的有 12 类，包含：物体打击、车辆伤害、机械伤害、起重伤害、触电、灼烫、高处坠落、坍塌、火药爆炸、中毒和窒息及其他伤害。

按事故后果严重程度分类：

1）轻伤事故是指造成职工肢体或某些器官功能性或器质性轻伤损失，能引起劳动能力轻度或暂时丧失的伤害事故，一般每个受伤人员休息 1 个工作日（含）以上，105 个工作日以下。

2）重伤事故是指受伤人员肢体残缺或视觉、听觉等器官受到严重损失，能引起人体长期存在功能障碍或劳动能力有重大损失的伤害，或者造成每个受伤人损失 105 工作日（含）以上的失能伤害的事故。

3）死亡事故中，重大伤亡事故指一次事故中死亡 1~2 人的事故；特大伤亡事故指一次事故中死亡 3 人以上（含 3 人）的事故。

按事故造成的人员伤亡或者直接经济损失分类：

1）一般事故是指造成 3 人以下死亡，或者 10 人以下重伤，或者 1000 万元以下直接济损失的事故。

2）较大事故是指造成 3 人以上 10 人以下死亡，或者 10 人以上 50 人以下重伤，或者 1000 万元以上 5000 万元以下直接经济损失的事故。

3）重大事故是指造成 10 人以上 30 人以下死亡，或者 50 人以上 100 人以下重伤，或者 5000 万元以上 1 亿元以下直接经济损失的事故。

4）特别重大事故是指造成 30 人以上死亡，或者 100 人以上重伤（包括急性工业中毒），或者 1 亿元以上直接经济损失的事故。

2. 职业风险的处置

安全事故处理遵循"四不放过"原则，即事故原因未查清不放过、事故责任人未受到处理不放过、事故没有制订切实可行的整改措施不放过、事故责任人和周围群众没有受到教育不放过。

生产安全事故发生后，事故现场有关人员应当立即向本单位负责人报告；单位负责人接到报告后，应当于 1h 内向事故发生地县级以上人民政府应急管理部门和负有安全生产监督管理职责的有关部门报告。

安全事故统计内容主要包括事故发生单位的基本情况、事故造成的死亡人数、受伤人数（含急性工业中毒人数）、单位经济类型、事故类别等。

6.3.3 环境保护风险

工程现场环境保护的主要措施包括大气污染的防治、水污染的防治、噪声污染的防治、固体废弃物的处理及文明施工等措施。对于细颗粒散体材料（如物料、水泥、粉煤灰、二氧化硅、氧化锌、白灰等）的运输、储存，要注意遮盖、密封、防止和减少下扬。

水污染物的来源主要有工业污染源、生活污染源和农业污染源。禁止将有毒、有害废弃物做土方回填，油料库房地面要防渗处理，100 人以上临时食堂需设置隔油池。

噪声按来源可分为交通噪声、工业噪声、建筑施工噪声、社会生活噪声。噪声控制技术可以从声源、传播途径、接收者防护等方面来考虑。控制噪声传播途径的方法主要有吸声、隔声、消声、减振降噪。

尽量使用低噪声设备，凡在人口稠密区进行强噪声作业时，须严格控制作业时间，一般晚10点到次日早6点之间停止强噪声作业。

工程上常见的固体废弃物有渣土、废弃的散装大宗材料、生活垃圾、设备与材料等的包装材料、粪便等。固体废弃物处理的基本思想是资源化、减量化、无害化。主要处理方法有回收利用、减量化处理（分选、破碎、压实浓缩、脱水等减少其最终处置量，焚烧、热解、堆肥）、焚烧（用于不适合再利用且不宜直接予以填埋处置的废物，有符合规定的装置除外）、稳定和固化（利用水泥、沥青等胶结材料，将松散的废物胶结包裹起来）、填埋（禁止将有毒、有害废弃物现场填埋）等。

6.3.4 工程保险

工程保险是对以工程建设过程中所涉及的财产、人身和工程等各方当事人之间权利义务关系为对象的保险的总称，是对工程项目、安装工程项目及工程中的施工机具、设备所面临的各种风险提供的经济保障，是业主和承包商为了工程项目的顺利实施，以工程项目，包括建设工程本身、工程设备和施工机具及与之有关联的人作为保险对象，向保险人支付保险费，由保险人根据合同约定对建设过程中遭受自然灾害或意外事故所造成的财产和人身伤害承担赔偿保险金责任的一种保险形式。

工程保险的种类有工程一切险、第三者责任险、人身意外伤害险、设备保险、执业责任险和CIP（Controlled Insurance Programs，一揽子保险）等。

其中，与电子元器件工程项目关系较为密切的是

1）第三者责任险，由于工程项目的原因导致项目法人和承包人以外的第三人受到财产损失或人身伤害的赔偿，第三者责任险的被保险人也应是项目法人和承包人，该险种一般附加在工程一切险中。

2）人身意外伤害险，为了将参与项目实施的人员由于工作原因受到人身意外伤害的损失转移给保险公司，应对从事危险作业的工人和职员办理意外伤害保险，此项保险义务分别由发包人、承包人负责对本方参与现场工作的人员投保。

3）执业责任险，以设计人、咨询人的设计、咨询错误或员工工作疏漏给业主或承包商造成的损失为保险标的。

6.4 电子元器件工程项目的风险管理实例

6.4.1 芯片开发项目的技术风险管理实例

1. 项目基本情况

技术风险是芯片开发的最主要风险源，本项目针对芯片开发的技术风险进行研究，建立风险结构模型，划分风险等级和技术风险层次权重值，提出多维风险控制方法，为公司的芯片研发项目提出了一套完整的风险管理保障体系。

本公司的主要业务是研发传感器和控制器芯片，本项目的芯片是一款压力传感器芯片，

主要用于燃油压力传感器、气缸压力传感器、机油压力传感器、冷却液压力传感器、空调压缩机压力传感器等。图 6.7 所示为一种 SiC 压力传感器芯片的剖面图。

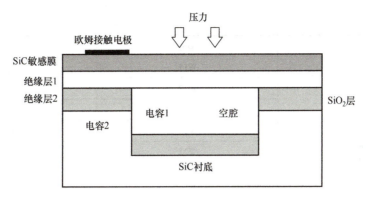

图 6.7　一种 SiC 压力传感器芯片的剖面图

项目组通过专家调查法结合芯片开发项目的工作分解表进行风险识别，对风险的形成进行分析综合，得出风险形成的过程如图 6.8 所示。

图 6.8　风险形成的过程

通常，项目风险管理有 3 个基本阶段：风险识别、风险评价、风险应对。图 6.9 给出了本项目针对技术风险识别采用的工作流程图。

2. 技术风险管理

芯片开发项目中，技术风险是最主要的风险源。其中，项目方面的技术风险约占总技术风险的 15%，研发方面的技术风险约占总技术风险的 30%，测试方面的技术风险约占总技术风险的 20%，工艺方面的技术风险约占总技术风险的 35%。芯片开发项目一般涉及众多的技术风险，如架构设计难、制造工艺复杂、技术标准难定义等，有效的技术风险管理对项目的成功与否至关重要。

本项目压力传感器的电性能测试包括静态电流、待机电流、跳电压启动、过电压、电源反接、电压压跌落、电源电压渐变、电源同断电、叠加交流电压、脉冲叠加电压、击穿强度、绝缘电阻、对地对电源短路、信号线开路等；环境测试包括低温工作、高温老化、恒温恒湿、防尘、防水、盐雾、热循环振动、热疲劳振动、随机振动、机械冲击等。

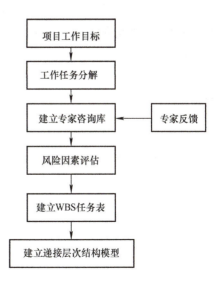

图 6.9　本项目针对技术风险识别采用的工作流程图

对芯片开发项目工作进行分解，将工作内容划分为一级工作包和二级工作包，芯片开发项目工作的部分分解，见表6.4。

表6.4 芯片开发项目工作的部分分解

一级工作包	编号	二级工作包
方案制定	W11	市场调研
	W12	竞品分析
	W13	需求分析
	W14	技术参数规格评定
芯片设计	W21	版图设计
	W22	电路设计
芯片测试	W31	测试方案设计
	W32	电性能测试
芯片试制	W41	工艺设计
	W42	单项工艺设计

本项目的技术风险因素包括项目技术难度、专利风险、产品定义的参数、技术迭代速度、电磁兼容性要求、设计使用的软件（包括电路设计软件、电路仿真软件、版图制作软件等）、电子物料供应、研发人员经验、测试设备、测试标准、测试人员技术水平、测试项目、制造设备、制造工艺、操作人员技术能力、工艺流程等。

本项目技术风险因素分析的结果，可以确定16个风险因素来源于4个方面，分别是项目方面风险、研发方面风险、测试方面风险、工艺方面风险等，本项目的部分技术风险清单见表6.5。

表6.5 本项目的部分技术风险清单

风险类别	编号	风险因素
项目方面风险	R11	项目技术难度
	R12	专利风险
	R13	产品定义的参数
研发方面风险	R21	电磁兼容性要求
	R23	电子物料供应
测试方面风险	R32	测试标准
	R34	测试项目
工艺方面风险	R41	制造设备
	R42	制造工艺

定义风险量是风险发生的可能性与风险严重程度的乘积，风险发生的可能性评分表分为5个等级，风险严重程度评分表分为5个等级，表6.6给出了本项目的技术风险评分汇总。

表6.6 本项目的技术风险评分汇总

编号	风险项	可能性	严重程度	风险量	风险等级
R11	项目技术难度	3	3	9	中等
R12	专利风险	3	3	9	中等
R13	产品定义参数	1	3	3	较低
R14	技术迭代速度	3	3	9	中等
R15	电磁兼容性要求	2	3	6	中等
R16	测试设备	5	3	6	中等
R17	电子物料供应	1	4	20	高

通过表6.5的技术风险评分可以发现,电子物料供应的风险等级最高,另外还有3个较高风险和7个中等风险。项目组给出芯片开发项目每个技术风险因素的应对方法,再根据每个风险因素的实际情况,将风险从人、机、料、法、环、测共6个方面分解,确定6个方面的具体措施。

以技术风险为例,项目组分析得到本项目技术难度属于中等风险,给出的具体应对措施如下:

1) 人,负责芯片开发项目的项目工程师需要在项目初期就要和研发部门、测试部门、工艺部门开会讨论该项目的可行性;公司的研发部门、测试部门、工艺部门也要经常给项目部门和业务部门的同事进行技术方面的简单培训。

2) 机,利用文件共享系统及先进的项目管理系统,管理项目风险、进度、成本等。

3) 料,设计时选用被广泛使用的物料且性能更强的汽车级物料。

4) 法,公司定期对项目部门、研发部门、测试部门、工艺部门的同事进行项目管理和项目评估相关的培训;将项目技术难度的评估流程形成指导书,并不断优化。

5) 环,将该项目组的项目部门、研发部门、测试部门、工艺部门的人员每天都进行一次简短的会议,汇报交流项目相关的内容;每周进行大部门的例会。

6) 测,召集专家组讨论评估该项目的技术难度,评估是否是项目组评估的方法存在问题。

项目组提出建立标准化管理、风险责任分工、人力资源保障等系统管理方法,表6.7给出了可测试性检查表,加强风险项的风险控制。

表6.7 可测试性检查表

编号	风险项	检查内容
1	测试人员技术水平	子系统的测试是否可以不依托整机系统
2	测试人员技术水平	部件测试是否可以单独测试而不用依托整机系统
3	测试人员技术水平	小部件的测试是否可以单独测试而不用依托整机系统
4	测试人员技术水平	细小零件的测试是否可以单独测试
5	测试设备	内置测试是否能进行计划的测试
6	测试设备	组件之间是否有足够的空间进行测试
7	测试人员技术水平	机械设计是否提供标准布局来识别每个部件

本项目为公司芯片开发项目技术风险管理提供了模板,建立了一套完整的项目风险管理体系。

6.4.2 汽车芯片战略投资的供应链风险管理实例

1. 项目基本情况

企业供应链风险管理是当今企业战略管理和财务管理的重要课题,当下全球供应链风险急剧增加,汽车芯片危机是国内车企普遍面临的风险类型,供应链风险管理成为公司治理和未来发展急需建立的管理内容,研究价值具有重大的现实意义。

某企业是国内规模领先的汽车上市公司,随着汽车产业发展的新模式,公司业务从传统制造业发展转变为包括:整车的研发、生产和销售,新能源汽车、互联网汽车的商业化,智能驾驶等技术的研究和产业化等全方位发展模式。其电池、电驱、电力电子、芯片等元器件被广泛应用于汽车智能产品系统中,是新能源汽车核心零部件。

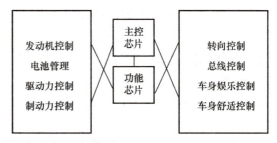

主控芯片和功能芯片配合对车身控制

新能源汽车需要使用大量的MCU(Microcontroller Unit)芯片,当前汽车主控芯片主要是MCU,负责计算和控制。MCU把中央处理器的频率与规格做适当缩减,将内存、计数器、USB、A/D转换、UART、PLC、DMA等周边接口,以及LCD驱动电路,都整合在单一主板上,形成能完整处理任务的微型计算机。MCU主要作用于:最核心的安全与驾驶方面,自动驾驶系统的控制,中控系统的显示与运算、发动机、底盘和车身控制等,MCU汽车芯片的功能模块与架构如图6.10所示。

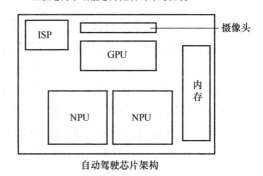

图6.10 MCU汽车芯片的功能模块与架构

汽车芯片是供应链风险的核心内容,是关乎车企生存与发展的核心产品,也是当今国内车企的软肋。表6.8给出了2021年的一部分汽车半导体生产商收入,前三位是英飞凌、恩智浦和瑞萨电子。

表6.8 2021年的部分汽车半导体生产商收入

汽车半导体营业收入/百万美元			
公司	2021年份额	股票占比	总收入占比
英飞凌	5725	8.3%	44%
恩智浦	5493	8.0%	50%
瑞萨电子	4210	6.1%	46%

(续)

汽车半导体营业收入/百万美元			
公司	2021年份额	股票占比	总收入占比
德州仪器	3852	5.6%	21%
意法半导体	3650	5.3%	29%
博世	2610	3.8%	—
安森美半导体	2289	3.3%	44%
亚德诺半导体	1244	1.8%	17%
微芯科技	1160	1.7%	17%
罗姆半导体	1503	2.2%	37%
其他	—	54%	—

无论市场占有率多大，车企如果没有芯片，面对芯片危机，就只能减产、停产。图6.11给出了汽车芯片供应链关系示意图，面对脆弱的供应链，汽车芯片的投资是车企绝地求生的必要选择。

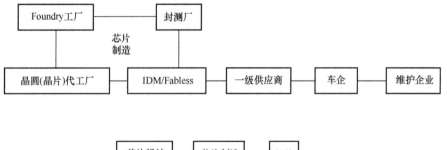

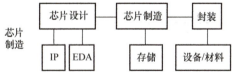

图6.11 汽车芯片供应链关系示意图

注：IDM（Integrated Design and Manufacture）即垂直整合模式；Fabless，无制造；Fabrication，制造，即IC设计。

在企业差异化竞争发展战略中，对供应链的稳定性、时间跨度、地域间交互成本提出了更高要求，并且通过海外布局、新能源汽车投资、芯片研发等行为，主动开拓新兴市场，建立新的供应链需求，从而弥补原有的竞争弱势。

目前的研究包括关注供应链风险的辨识、规避和供应链整体的改良，形成了丰富的理论成果和有关模型，本项目从战略投资的角度对企业供应链风险管理进行研究，构建了差异化和成本领先两种维度之下不同的供应链风险管理模型。

2. 供应链风险管理

企业的运作需要各项资源，一些资源的供给在地区或行业基础上产生了链形的传输渠道，被称为供应链，但是这些链条往往会受到各种因素的影响，打断企业从外部得到这些需要的资源，产生所谓供应链风险。所以，企业在经营时需要顺利通畅地获取外部资源、需要进行供应链风险管理，通过有效地管理、控制、监督与评估等手段，维护供应链的顺利运作，实现企业在整个供应链运营流程中的主动性。

企业通过投资芯片产业、新能源汽车和海外市场，能够有力解决车企供应链当前存在的风险，对解决芯片危机有着重要意义，也是战略投资在供应链风险管理领域的全新适用，丰富了新情景下的供应链风险管理理论。本项目从战略投资角度对企业供应链风险管理进行研究，包括财务报表、公司股价和发展前景等评价要素，通过文献研究法、案例分析法和比较分析法等，提出对策建议，为未来的企业管理实践和理论创新提供指引。

企业供应链风险的产生原因很复杂，简单分析不外乎是由于供货商的市场经济特性和管理者个人的有限理性的双重影响相互作用的结果，图 6.12 给出了一种集成供应链管理的模式，包括供应、生产作业、物流、需求等各个环节。

汽车芯片作为新能源汽车最为核心的电子元器件，在最近几年经历过几次断供的"芯荒"，例如，在 2020 年，"芯荒"导致全球龙头车企销量减少 14.6% 以上。

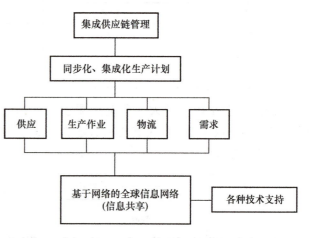

图 6.12　一种集成供应链管理的模式

为了解决芯片问题，我国连续发布了多个芯片行业相关支持政策，表 6.9 列出了芯片行业相关的一部分国家级支持政策。

表 6.9　芯片行业相关的一部分国家级支持政策

政策	发布日期	发布单位	有关内容
《新时期促进集成电路产业和软件产业高质量发展的若干政策》	2020	国务院	为进一步优化集成电路制造产业和软件产业发展环境，深化产业国际合作，提升产业创新能力和发展质量，制定出台财税、投融资、研究开发、进出口、人才、知识产权、市场应用、国际合作等八个方面政策措施
《关于集成电路设计和软件产业企业所得税政策的公告》	2019	财政部、国家税务总局	依法成立且符合条件的集成电路设计企业和软件企业，在 2018 年 12 月 31 日前自获利年度起计算优惠期，第一年至第二年免征企业所得税，第三年至第五年按照 25% 的法定税率减半征收企业所得税，并享受至期满为止
《新一代人工智能发展规划》	2017	国务院	抢抓人工智能发展的重大战略机遇，构筑我国人工智能发展的先发优势
《战略性新兴产业重点产品和服务指导目录（2016 版）》	2017	国家发改委	明确集成电路等电子核心产业地位，并将集成电路芯片设计及服务列为战略性新兴产业重点产品和服务
《关于印发"十三五"国家科技创新规划的通知》	2016	国务院	将核心高技术基础产业、集成电路装备等列为国家科技重大专项计划予以支持，着力发展关键核心技术，突出解决制约经济社会发展和事关国家安全的重大科技问题，建成一系列具有引领性的创新平台

第6章 风险管理

以《新时期促进集成电路产业和软件产业高质量发展的若干政策》为例，该政策旨在进一步优化集成电路制造产业和软件产业发展环境，深化产业国际合作，提升产业创新能力和发展质量，制定出台财税收、投融资、研究开发、进出口、人才、知识产权、市场应用、国际合作等八个方面政策措施，为相关企业项目提供了支持。

本企业把降低原材料采购、运输、仓储风险作为加强供应链风险管理的核心手段，主要措施有以下3个：建设仓储物流园区、异地设厂、循环取货等，表6.10给出了生产模式对供应链改进情况表。

表6.10 生产模式对供应链改进情况表

生产模式	优势	缺陷
仓储物流园区	降低集散成本和运转周期	依赖成熟的物流市场
异地设厂	降低原材料远程运输风险和成本	前期投资较大
循环取货	降低集货难度和成本	对物流信息系统有较高要求

本企业的生产中，约价值60%的零件都是由集团最主要的下属公司所提供的，其余的小部分才是由一些和集团完全没有关联的国内公司和合资企业所提供；对国产零件的运输，一般都是由来自国内的各大厂商自行运输至零件再分配中心，然后转运至厂内的零件暂存区；开发更为快捷安全的解决办法，即第三方仓储及循环取货项目。表6.11给出了原件配送改进情况表。

表6.11 原件配送改进情况表

配送模式	优势	缺陷
第三方配送	明确责任边界，提高供货稳定性	无法亲自检测控制供应链风险
零件再分发中心	减少仓储面积，降低存储成本	容易产生配送损耗，存在签收风险
循环取货综合系统	闭环运作减少外部干扰，精准掌控各个环节	对人员素质和信息质量有较高要求

本企业的供应链具有4个特点：面对复杂的全球汽车业供应链竞争；节点企业众多，链条相对较长，汽车零部件生产所用的设备和材料品种繁多，外构件成本占销售额的35%以上；运用即时生产模式，生产自动化程度高、节奏快，反应能力迅速；供应链技术和资本相对密集，生产过程集成许多领域的新技术、新工艺、新材料和新设备，资产专用性很强，节点企业进入或退出该供应链的难度较大。供应链主要风险种类见表6.12。

表6.12 供应链主要风险种类

风险种类		风险说明
一级指标	二级指标	
需求变化	需求增多	需求增多，库存不足，供应商缺货
	需求减少	供应商库存积压，资金回笼减慢
	需求停止	供应商库存报废，无法收回投资

(续)

风险种类		风险说明
一级指标	二级指标	
供应商风险	原材料选择	供应商原因导致价格上涨
	产品质量	供应原材料产品质量下降,影响终端产品质量
	管理问题	管理水平低下,订单签订、交货等活动延期
	经营问题	资金链断裂,出现违约甚至倒闭风险
合作关系	关系稳定性	合作基础不稳定,缺乏互相信任
	信息传递	信息传递不够及时,信息存在偏差,影响正常生产
	市场竞争	竞争对手订单增加,影响已方交货
外部环境	自然灾害	地震、洪水等自然灾害
	经济环境	汇率变化,初级原料价格变化
	政策法规	有关政策法规变化

汽车芯片主要分为三大类：功能芯片、功率半导体和传感器等,每辆汽车平均采用约25个功能芯片,部分新能源汽车和高端品牌汽车采用100个功能芯片。国产车规级芯片主要依赖进口,芯片制造是一项技术密集型产业,对技术、专利、市场环境、原料和设备等都有较高要求。图6.13给出了通用芯片制造业上下游产业供应链模式。

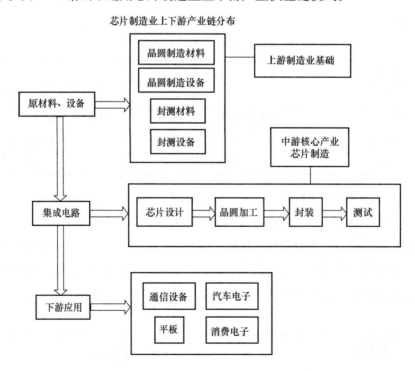

图6.13 通用芯片制造业上下游产业供应链模式

本企业对于智能汽车芯片研发采取外包合作机制,对传统芯片研发采用直接投资参与决策的方式。本项目的研究表明,通过战略投资,加强企业供应链风险管理,是行之有效的办法，得到的风险管理结论：改善投资是战略管理的重要方式；战略定位是支持改进供应链风险管理的重要手段；创新运用金融产品；善于运用战略投资；完善内部管理机制。

习　　题

1. 名词解释：风险、危险源、关系管理。
2. 简述风险管理的要素及其含意。
3. 从各种平台上，查找电子元器件工程项目的风险管理实例，运用本章知识进行分析，提出自己的看法。

第7章 人力资源及沟通管理

千军易得,一将难求。

——马致远(元代)

管理者的最基本能力:有效沟通。

——威尔斯·威尔德(Welles Wilder)

项目是由人来完成的,项目组织成员的配备、人员的素质,都会影响项目完成的质量、效率等各种绩效,而项目领导者的素质尤其重要。同时项目的完成需要沟通,完整合理高效的沟通计划可以保证项目的顺利进行。

企业或项目的人力资源部门已经由传统的人员管理招聘发展到对组织成员的科学管理、培养、调配,制定符合多种要求的人才制度,并把对人员的管理融入企业未来发展的决策中。

作为企业或项目的各种管理者,需要具备领导者的素质,建立符合实际工作需要的领导方式,以人为本,科学管理,并具有良好的沟通方法和高效的沟通渠道。

本章首先讲述项目管理中的人力资源计划,了解项目成员的素质问题,掌握项目人员管理计划;然后重点论述项目领导人的基本要求,掌握领导能力和工作方式;在组织沟通管理中,学习沟通方式,以及解决冲突和矛盾的方法;最后通过案例学习,掌握招聘管理方法和沟通管理的实践方式。

7.1 人力资源计划

随着人类商业经济的发展,人力资源管理模式大致经历了3个阶段:雇佣管理(经验管理)、人事管理(科学管理)和人力资源。

从简单的雇佣,人力部门发展到第二阶段,即科学管理阶段,人事管理的内容产生了劳动方法标准化、定额制度、差别计件工资制等规则,随着岗位的复杂化、专业化,管理岗位从劳动岗位中分离出来,并开展有针对性的岗位培训工作。

7.1.1 项目成员的素质

1. 人力资源部门的职能发展

如今的人力资源管理阶段是企业或项目的组织职能创新发展和战略决策转型的结果,专业的劳动人事部门经历了实际运作部门→管理部门→决策部门的进化,人力资源服务的重点从优化转向创新,从被动转向主动地解决组织成员按照企业或项目的需要进行培训、发展与提升,并建立业绩考核与淘汰制度。表7.1给出了传统的人事管理与人力资源管理的对比。

表7.1 传统的人事管理与人力资源管理的对比

比较项目	人事管理	人力资源管理
管理视角	视员工为成本负担、负债	视员工为资源、资本
管理目的	保障组织短期目标的实现	满足员工自我发展需要和组织长远利益
管理视野	狭窄、短期性	广阔、远程性
管理焦点	以事为中心	以人为中心
管理功能	单一、分散	系统、整合
管理活动	被动、事后的，重使用、轻开发	主动、预见性，重视开发/建立培训机构
管理地位	执行层/技术含量低、无须特殊专长	战略决策层/创造价值
部门性质	非生产、非营利性部门	生产性、效益性部门
对待员工	管理、控制员工，命令式、独裁式	服务员工，尊重、民主、参与、透明
管理内容	程序性、事务性、例行性的简单/行政事务、管理档案、工资发放	范围广泛，要求创新
与其他部门的联系	对立、抵触	和谐、合作

作为企业或项目的一个重要组织机构，人力资源部门的职能和任务是不断发展的，如今，人力资源部门的基本工作包括为企业或项目解决人的资源（招聘或培养）、根据管理需要调配人力资源（调度或分配）、科学引入激励绩效制度（奖励或表扬）、组建团队与共同愿景（人才开发与企业文化）及储备发展壮大各类人才队伍（配合战略决策）等多方位、多角度的管理。

随着人力资源有关学科的发展，人力资源部门已经具备科学管理的理论和工具，如组织职务的分析与设计工作、人力资源制度和人力资源信息系统的制定等。如今，人力资源部门对于传统的管理业务，如员工档案管理、人事统计管理、考勤管理、劳动保护管理、员工职业生涯管理、员工心理帮助系统等方面，已经引入了先进的科技手段，更加高效、科学地管理人事工作。

人力资源部门职能的转变导致了其业务范围的进一步扩大，不仅具有主体业务，即传统的招聘与选拔、绩效管理、薪酬管理和培训开发等内容，还有企业人力方面的战略业务，即人力资源的战略与规划，符合企业未来的发展前景。

人力资源部门的战略业务是以企业的组织发展战略和员工自身的期望为基础，制定的人力资源开发和管理的长远战略，包括吸引战略、投资战略和参与战略等，表7.2给出了人力资源战略与企业发展战略的对应关系，包括集权式战略、发展式战略、任务式战略、转型式战略等四个方面。

表7.2 人力资源战略与企业发展战略的对应关系

发展战略	人力资源战略	特 点
集中单一产品	集权式	规范的职能型组织结构和运作机制，高度集权的控制和严密的层级指挥系统，严格分工
		较多从职能作用上评判绩效，且较多依靠各级主管的主观判断
		在薪酬上，采用自上而下的家长式分配方式
		培训和发展上，以单一的职能技术为主，较少考虑整个系统

(续)

发展战略	人力资源战略	特　点
多元化	发展式	组织结构较多采用战略事业单位或事业部制，发展变动灵活、频繁
		招聘较多运用系统化标准，绩效考评依靠主客观评价标准并用
		薪酬基础主要是对企业的贡献和企业的投资效益
		培训和发展往往是跨职能、跨部门，甚至跨事业单位的系统化开发
纵向整合	任务式	组织结构上仍较多实行规范的职能型结构和运作机制，控制和指挥较集中，但更注重各部门实际效率和效益
		招聘和绩效考评较多依靠客观评价标准
		薪酬依据主要是工作业绩和效率
		员工发展仍以专业化人才培养为主，少数通才主要通过工作轮换来培养和发展
产品更迭换代与超越需求	转型式	组织结构创新，重视组织变革，既能够发挥员工个人的能力，又可以促进部门间高效协同合作
		招聘灵活多样，具有对企业未来需求进行预测和提前布局的能力，突出人才的创新与学习发展能力
		员工的考核机制灵活、创新，重视长效考核机制
		结合企业未来需求，对员工进行终身性和计划性培训

2. 项目人员的配备

人是组织中最活跃的、唯一具有能动作用的要素。设计了合理的组织结构，如果没有合适的人员配置，最终也无法发挥作用。组织结构中需要配备的人员大体可分为两类：主管人员和一般员工。由于这两类人员配备的基本方法和原理是相似的，因此，在这里着重论述主管人员配备的相关内容。

人员配备是一项重要的管理职能，其任务就是通过一系列恰当有效的选择、考核和培训程序，以合适的人员去充实组织结构中所确定的各种职位。也就是说，人员配备通过对组织成员的合理使用，达到人力资源的优化配置，充分发挥其力量，达到组织高效运转。

作为组织的成员，员工有希望在组织中满足自身需要，因此，人员配备不仅要考虑组织的需要，还要考虑员工的需要。通过人员配备，使每个人的价值都能够得到正确的评价认可和运用，既不大材小用，也不让员工承担超出能力范围的职责。同时，要为员工提供足够的发展空间，不仅包括在某个岗位上提升技能和知识的空间，还包括职业生涯发展的空间。

人员配备是一个系统的逻辑过程，主要包括职务分析、人员需求量分析、选配人员教育与培训、考评等。

职务分析是人员配备的基础，包括各个工作岗位的任务、完成方法和必须具备的知识、技能等信息，以及相应的职务说明和职务规范。职务分析的方法有观察法、问卷法、访谈法、日记法、功能性职务分析法等。分析者可对工作人员的操作进行实地观察并记录；也可以设计问卷发放给操作人员和主管，填写成访谈实际操作人员了解信息；还可以让实际操作人员和主管自己记录下每日工作内容和相关信息。通过这些信息，分析者最终得出职务的性质与内容、工作行为要求、职责权限、工作关系等。

人员需求量分析组织人员的需求量，基本上取决于组织的计划、组织结构的规模与复杂程度和人员的流动率等因素。其中，最关键的是设计出的职务类型和数量。职务类型说明了需要什么样的人；职务数量说明了每种类型的职务需要多少人。对于新建组织而言，只需确定承担不同职务的人员数量和要求，即可直接以此为标准在社会上公开招聘选择合适的人员。然而，大部分情况下，管理者面临的是组织结构与人员配置的重新调整，因此，在重新设计组织结构后，需要监察和对照企业内部现有的人力资源情况，确定从外部选聘的人员的数量和类别。

人员的来源分为内部和外部两种，即"内部选拔或调整"和"对外公开招聘"。内部来源有利于发现和留住组织内部的潜在优秀人才、提高员工士气，由于对内部员工比较熟悉了解，还可以简化招聘程序，降低成本；外部来源则扩大了人员的选择范围，为组织注入新鲜血液。因此，组织在确定来源时，应根据组织的具体情况进行选择。

在教育与培训方面，组织成员未来的工作表现很大程度上取决于其教育和培训的成果，教育和培训既是保证组织员工不断适应组织和技术发展的手段，也是员工个人发展的需要。

7.1.2 人员管理计划

1. 人员的聘用

外部招聘是根据一定的标准和程序，从组织外部选拔符合空缺职位工作要求的管理人员。这种方法有利于缓和内部竞争者之间的紧张关系，为组织带来新的管理方法与经验，具有一定的"外来优势"。组织成员对其背景尤其是失败经历知之甚少，使其可以更轻松地应对工作中的问题，还可较少顾忌复杂的人情网络的消极影响。但是，外部招聘的人员对组织情况不了解，也缺乏一定的人事基础，因此，需要一段时期的适应才能有效工作。同时，组织也难以深入了解应聘者，可能造成误判，影响组织目标的完成。然而，外聘的最大局限性莫过于对内部员工积极性的打击。因此，组织在决定是否采用管理人员的外部选聘时都十分谨慎，多数公司宁愿采用内部选拔的方法。

内部提升是从组织内部提拔能胜任的员工来充实组织内的空缺管理职位。许多组织都赞成内部提升，因为内部提升有利于组织目标更好地实现。由于对组织内部人员有较可靠的了解，选择的候选人通常更合适。被提升的成员对组织历史、现状、目标及存在的问题比较了解，能较快胜任工作，而且使组织对成员的培训投资获得更大收益。内部提升对组织成员的激励作用是显而易见的。但是，内部提升也存在一些不容忽视的缺点，当组织存在较大管理缺口时，内部管理人才储备难以满足需求；另外，由于组织成员习惯了组织内的一些既定做法，容易造成"近亲繁殖"，成为创新的阻碍。

2. 选聘程序和方法

管理人员选聘程序和方法如图 7.1 所示。

优秀的管理人员应具有广博的知识、合理的知识结构。管理人员应该具备 4 个方面的知识：第一是哲学知识，树立正确的世界观，能透过复杂现象找出问题的关键和解决问题的办法；第二是基础的科学文化知识；第三是专业知识，管理人员必须是其业务领域的内行；第四是管理知识。

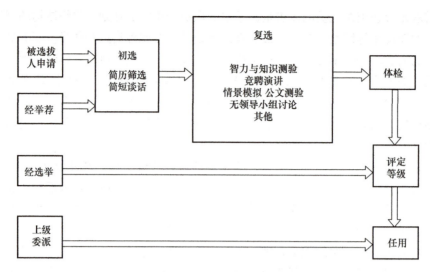

图 7.1 管理人员选聘程序和方法

合格的管理人员还需具备多方面的技能：第一是解决专业技术问题的能力；第二是处理人际关系的能力，能够很好地与上下级进行沟通，协调好组织内外的各种关系，还要能够调动员工积极性，发现和发挥每一个员工的长处和潜力；第三是决策与组织能力；第四是创新能力，管理人员必须具有较强的开拓精神，敢于改革，坚持在创新中前进、在创新中发展。这 4 种能力对不同管理层次人员的要求是不一样的，对于基层管理者，解决专业技术问题的能力要求比较高；而对于高层管理者，决策与组织能力和创新能力要求相对要高得多。但是，处理人际关系的能力对于每个层次的管理者都很重要。除此以外，管理人员还要具有较高的思想政治素质、强烈的责任感、良好的心理素质和身体素质等，才能适应管理岗位的需求。

3. 管理人员的培训

管理人员的培训侧重于基本工作技能的培养，通过培训使管理人员掌握特定管理工作所需要的知识、技能，提高其素质以更好地完成管理工作。管理人员培训的目的主要包括以下几点：

1）更新知识与观念，提高能力，当今时代，科学技术进步速度加快、组织环境日新月异的变化都要求管理者及时更新其知识和观念，才能避免知识和观念的老化过时，提高管理水平和能力。

2）通过培训向管理者传递组织现状、目标、要求等多种信息，增强管理人员对组织和本职工作的认识，以及对未来发展趋势的把握。

3）通过培训增强管理者思想素质和工作作风的培养，有利于创造更为优良的工作氛围，提高组织沟通效率和员工工作积极性。

管理人员培训主要包括 3 个步骤：从管理人员目前的工作情况入手；关注事业前途中的下一任工作；目标是组织未来的长期发展要求。管理人员培训的具体过程和方法如图 7.2 所示。

4. 管理人员的考评

考评本身只是手段，不是目的。首先，考评可以为确定管理人员的工作报酬提供依据，

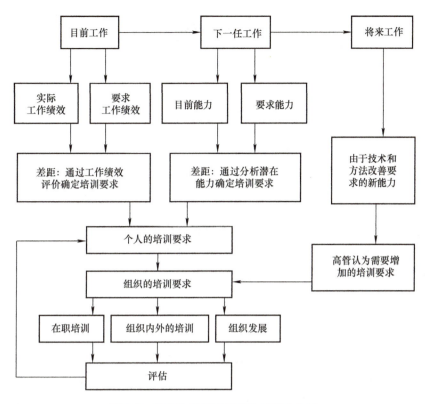

图 7.2 管理人员培训的具体过程和方法

管理人员的工作效果往往难以精确量化，因此，在确定其报酬时要综合考虑德、能、勤、绩等多方因素。其次，考评可以为组织人事调整提供依据，根据工作绩效判定管理人员是否能胜任其职务的要求，判定是否有更合适的人选能够更好完成此职位的工作等。再次，考评可以为培训提供依据，通过考评结果可以发现管理人员的某些缺陷，从而针对缺陷，安排相应的培训，提升管理人员的能力和素质。

对管理人员的考评应该全面，主要包括两个部分的内容：一是对管理者所作贡献的考评；二是对管理者能力素质的考评。

贡献考评是要评价和对比组织要求管理职务及其所辖部门提供的贡献与该部门实际的贡献，考评结果可以作为决定管理人员报酬的主要依据。这里要注意的是，把管理人员个人努力和部门的成就要区别开来，仔细辨别出管理人员个人努力所起的作用。

能力考评中，管理人员能力的大小与贡献并不呈线性相关关系，因此，为了有效指导人事调整或培训计划，需要对管理人员的能力进行考评。由于能力是一个十分抽象的概念，因此，在进行能力考评的时候，要避免只给抽象的概念打分。

如图 7.3 所示，管理人员考评是一个信息循环的过程，因为其中包含了非常重要的一传达考评结果。考评结果及时传达给当事人，不仅可以纠正考评中可能发生的偏差，还可以帮助当事人为今后发展进行有针对性的谋划。另外，有规律的定期考评管理人员可以帮助企业了解管理人员的成长过程和特点，建立企业人才档案，有利于企业根据不同标准对管理人员分类管理，提高管理质量和效率。

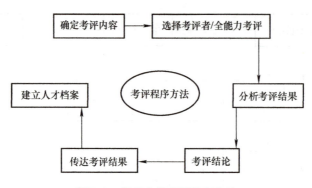

图 7.3　管理人员考评程序方法

工作绩效的考评是对工作过程及绩效的考核和评价过程。考评有利于发现组织中存在的问题，帮助员工认识自身的长处和短处，进行有针对性的培训和提升，为个人职业发展和组织人事决策提供依据。

7.2　项目领导者的要求

在项目实践中，项目领导者应是一个较为广泛的群体，不仅仅是项目经理，还有各个职能部门（如技术、生产、设计、财务、销售等）的领导者。项目领导者不仅要具有专业的知识，为了项目的高效运行，还需要具有管理能力、自身全面的素质和管理方法，以及处理矛盾的能力。

7.2.1　领导能力概述

1. 领导力

PMBOK 中要求项目经理应具备的技能包括项目管理技术、领导力、商业管理技能和战略管理技能。

项目经理、职能经理、高级经理和团队成员等都是在利用权力来影响下属使其以特定的方式做事或执行任务。每个人在不同时间使用不同方式，这取决于领导者的个性、价值观和公司文化。

企业或者项目的运作需要很多不同专业、部门的员工共同完成，作为管理者的领导需要组织大家按照统一的决策、计划一致行动。每一位员工都是按照自己的经验、指令或工序进行工作，当主观的个人利益和客观的组织利益不一致时，集体统一的力量可能被分散，既定的计划目标可能无法实现，工作的难易程度、任务的非均匀分解、奖惩的差异等都会增加管理的难度，组织管理中组成人员工作节拍的统一性、下达指令的执行力等都是对领导者组织能力的唯一评价。图 7.4 给出了管理权力的

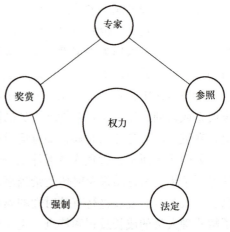

图 7.4　管理权力的来源

来源。

对于工作能力强的领导者，能够体会组织管理的精髓、员工的需求、管理的客观规律，从而高效地进行组织领导工作，具有从容不迫、不紧不慢的领导艺术。艺术的意向是顺乎自然、切合人事和优雅大方的事务，领导艺术就是既要达到管理的领导效果，又要具备管理的顺利畅达，反映了组织成员的和谐与认同。

领导艺术是方法，也是思想，是领导者根据其自身的知识、经验和智慧来执行管理职能的领导技巧和能力。

2. 用人艺术

有效的领导者能够为组织带来高绩效，领导是管理者的主要管理职能之一，当领导者的领导十分有效时，他们的下属或者追随者就会得到高水平的激励，做出高水平的组织承诺，从而取得高水平的工作绩效。

领导者必须具备管理组织成员的能力，即用人，为了达到用人的效果，领导者要建立用人原则：

1）人尽其才，每人都有长处，要充分发挥每个人的优点。
2）人无完人，不苛求人，扬长避短。
3）权责相称，把能力高的人赋予重任和权力。
4）疑人不用，唯才是举，不能嫉才、唯亲。
5）从长计议，让人才的个人发展与企业的前景相结合。

3. 表扬的艺术

鼓励表扬是对组织成员的正向激励活动，通过对被表扬者工作的肯定，促进其再接再厉，也可以激励其他成员向先进学习，鼓舞组织的士气。

领导者在进行表扬时，必须注意以下几点：

1）表扬必须是实事求是，不能凭主观印象。
2）表扬要有目的性，要分析被表扬者的行为动机，只有在能起激励作用时才表扬。
3）表扬应点面结合，由于每个人在某一方面都有成绩，所以表扬的面不能过窄，工作做得特别好的应予以重点表扬，树立典型。
4）掌握好表扬的时间与力度，轻描淡写的表扬不起作用，过度的表扬也会起到不好的作用，对于反复出现的积极行为不能反复表扬。

4. 批评的艺术

批评是领导者常用的管理手段，是一种反向激励，目的是让被批评者知耻后勇、一鸣惊人，要使批评能收到预期效果，必须注意以下几点：

1）明确批评的目的，具体到不同情况，其批评目的会有所差异。
2）了解错误的事实，弄清问题的缘由，要弄清：何事出了错（What），谁出的错（Who），错在何处（Where），何时出的错（When），为何出的错（Why），怎样可免于出错（How）。
3）批评要对事不对人，美国女企业家玛丽·凯·阿什在《用人之道》一书中指出"批评的目的是指出错在哪里，而不是指出错者是谁"。
4）选择恰当的批评场所，一般情况下，不提倡在公开场合"杀鸡儆猴"，特别是当被批评者也是管理者时,决不可当着其下属对其进行严厉批评。

5)选择恰当的批评时机,表扬要及时,批评则不一定立刻进行。批评最好在错误发生之后,但没有造成更严重后果之前,双方都能心平气和时进行。

6)选择恰当的批评方式,批评可以开门见山,一针见血,也可以"先表扬、后批评,再表扬"。要根据不同人的不同错误事实,选用不同的批评方式。

7)注意批评的力度,轻描淡写的批评不起作用,过分的批评也会产生不良影响。

8)注意批评的效果,做好善后工作,在批评之后要进行追踪检查,没有改正或改正不彻底,要继续批评;改正得好的及时进行鼓励和表扬;产生了抵触情绪的,要及时采取措施。

7.2.2 领导者的工作方式

有时候,从事领导者工作的人不一定是组织的正式领导,也可能是临时的管理者,组织内成员都有可能成为一次领导者,或者都有机会从事一次领导活动,所以,探索和掌握一点领导方式对组织成员都有意义。

1. 权力定位

领导方式指领导者在运用权力实施影响过程中采取的行为方式,它是领导者在特定环境中根据作用对象的特点所实施的对策性行为,集中体现领导者在提高领导效能中的主观能动作用。

关于领导方式的类型有很多种划分,根据权力定位和工作定位的不同,可以分为集权型、民主型、任务型、关系型和变革型共五种。

1)集权型。这是一种以专制、独裁为特征的领导方式。采用这种方式的领导者被认为权力来自他们所处的地位和担负的职务,认为职工的本性是懒惰消极的,不愿接受约束,并害怕承担责任,因此不能予以信任,必须严加管制。基于以上认识,领导者将权力定位于个人手中,集各种权力于一身,大权独揽,独断专行,仅依靠个人经验、能力和意志领导组织活动,同时采取强制的方式下达各种指令,强调下级的绝对服从,缺乏对职工的关心与尊重。

2)民主型。这种方式强调领导的权利由组织职工群体赋予,认为被领导者是勤奋的、勇于负责的,在受到激励后,能够主动协调个人行为与工作的关系,具有自我控制能力。主张将权力定位于职工群体手中,使之享有充分的民主权力,鼓励职工自行决策,实现自主管理。领导者仅以劝告说服的形式,提出各项意见和建议。

3)任务型。这种类型的领导把完成工作任务作为一切活动的中心,注重建立严密的劳动组织和严格的劳动纪律,强调指标和效率,欣赏紧张有序、快节奏的工作气氛,并将全部精力和注意力集中于工作任务本身,一定程度上忽视对职工利益、要求及工作情绪等方面的关心。

4)关系型。这一领导方式强调人是组织各项工作的中心,高度重视对职工的关心体谅和支持,注重满足职工的各种物质和精神需要,强调维持良好群体关系的重要性;建立多方位的沟通渠道,利用各种机会与下级保持密切接触;同时在经营管理中主张宽松,以营造融洽友善的群体气氛。

5）变革型。这种领导方式兼有以上各种类型的特点，变革型的管理者一般都是魅力型领导者（Charismatic Leader），他们通常都有一个美好的、与现状形成鲜明对照的团队或组织愿景。由于组织的结构、文化、战略、决策制定及其他关键的过程和因素发生了变化，这些愿景往往要求团队或者组织的绩效要有显著提高，变革型管理者与下属的特质如图7.5所示。这种愿景为赢得竞争优势铺平了道路。魅力型领导者对他们的愿景充满了激情和热情，并将它们清楚地传达给下属。

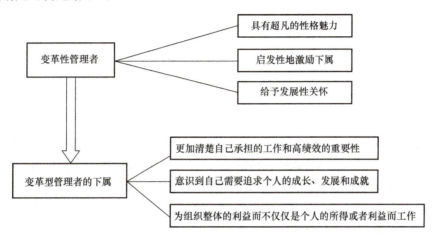

图7.5 变革型管理者与下属的特质

2. 特质模型

领导的特质模型主要关注那些能够产生有效领导的个性特征。研究认为，有效的领导者必然具有某些区别于无效领导者和非领导者的个性特征。几十年来的理论研究（始于20世纪30年代）和数百项实证研究显示，某些个性特征确实与有效领导存在联系，表7.3对这些个性特征进行了列举。应该注意的一点是，尽管这个模型被称为"特质"模型，但是它所列举的一些个人特征本质上并不是个性特质，而是和领导者的技能、能力、知识和专长相关的一些特点。

表7.3 与有效领导相关的个性特征

特质	描述
智力	有助于管理者理解复杂的事务和解决问题
知识和专长	有助于管理者做出正确的决策，发现提高效率和效果的新途径
支配力	有助于管理者影响下属，促使他们努力完成组织的目标
自信	有助于管理者有效地影响下属，并在遇到阻碍和困难时勇敢坚持下去
精力旺盛	有助于管理者处理他们面对的更多要求
承受压力的能力	有助于管理者处理不确定性因素，做出一些有难度的决策
正直和诚实	有助于管理者以合乎道德的方式行事，并赢得下属的信任和信心
成熟	有于管理者避免自私行为，控制自己的感情，并敢于承认自己的错误

然而，仅仅依靠特质并不能充分理解领导的有效性。一些有效的领导者并不具备特质理论所列举的各种特质，而有些拥有这些特质的领导者反而没能有效履行他们的领导职能。领

导特质和领导者的有效性之间缺乏一致的关联性，这使得研究人员把注意力从特质上转移出去，开始寻找对有效领导的新的解释。研究人员不再关注领导者是什么样的人（他们拥有的特质），而开始注意有效领导者到底做了些什么，换句话说，也就是探讨有效领导者影响下属努力实现团队或者组织目标的行为。

7.3 沟通管理

项目沟通管理是现代项目管理知识体系中的九大知识领域之一。

7.3.1 项目组织中的沟通

1. 沟通的概念

沟通（Communication）是指可理解的信息或思想在两人或两人以上的人群中传递或交换的过程，整个管理工作都与沟通有关，有效的沟通有助于组织获得竞争优势。组织机构的信息传递、领导者与下属的感情联络、控制者与控制对象的纠偏工作，都与沟通相联系。

沟通是协调个体使企业成为一个整体的关键，每个企业都是由不同组织部门、不同业务组成的有机体，每天的活动由一系列具体工作所构成，由于个体的地位、利益和能力的不同，其对企业目标的理解、所掌握的信息也不同，个体的目标有可能偏离企业的总体目标，只有通过组织沟通，达到互相交流意见，统一思想认识，自觉协调个体的工作活动，才能保证个人目标与组织目标的一致性。

沟通是领导者激励下属、实现领导职能的基本途径。一个领导者不管他有多么高超的领导艺术、有多么灵验的管理方法，他都必须将自己的意图和想法告诉下属，并且了解下属的想法。领导环境理论认为，领导者通过沟通了解下属的愿望，有助于其实现有效的管理。

沟通也是企业与外部环境建立联系的桥梁。如果一个组织想通过提高效率、改进质量、加大顾客响应度和加强创新来获得竞争优势，那么，有效的沟通对组织的管理者和全体成员就是十分必要的。按照市场要求调整产品结构，遵守政府的法律法规，担负自己应尽的社会责任，或者得到廉价的原材料，在激烈的竞争中取得一席之地，这使企业不得不和外部环境进行有效的沟通。外部的环境永远是变化的，企业为了生存就必须适应这种变化，这就要求企业与外界保持持久的沟通，以便把握住成功的机会，避免失败的可能。要实现有效的沟通，管理者很有必要了解沟通的过程。

2. 过程与流程渠道

沟通，简单地说就是传递信息的过程。在这过程中至少存在着一个发送者和一个接收者，信息在两者之间的传递过程即沟通过程如图 7.6 所示，发送者需要向接收者传送信息或者需要接收者提供信息，这里所说的信息包括想法、观点、资料、设计、程序等。

发送者将这些信息变成基于某种媒介的编码信号，例如，媒体是书面报告，编码信号就是文字、图表或者照片；媒介是讲座，编码信号就是文字、投影胶片和PPT。接收者收到编码信号的方式包括：书面的信、备忘录等，口头的交谈、演讲、电话等；身体的动作、手势、面部表情、姿态等。如果媒介是网络，就可选择电子邮箱等多媒体方式。

如果传递方式是口头传递的，接收者就必须仔细地听，否则符号将会丢失。由于发送者

第7章 人力资源及沟通管理

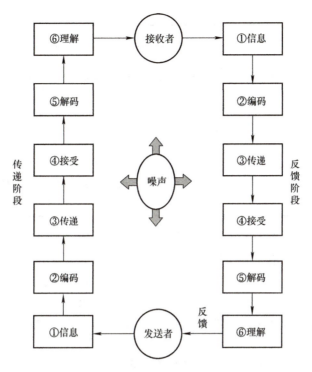

图 7.6 沟通过程

与接收者的编译和传递能力的差异，经过传递后，信息的内容经常被重新加工和演绎，可能造成曲解与误解。此时，信息已经到达接收者一边，只是理解信息的内容未必准确无误。最后，发送者需要通过反馈来了解他想传递的信息是否被对方准确无误地接受。

一般说来，由于沟通过程中存在着许多干扰和扭曲信息传递的因素，通常将这些因素称为噪声，使得沟通效率大为降低。因此，发送者了解信息被理解的程度是十分必要的。图 7.6 中的反馈阶段，构成了信息的双向流动。

3. 沟通的类别

按照功能区分，沟通可以分为工具式沟通和感情式沟通。工具式沟通指发送者将信息、知识、想法、要求传达给接收者，其目的是影响和改变接受者的行为，最终达到组织的目标；感情式沟通指沟通双方表达情感，获得对方精神上的理解和支持，最终改善相互间的关系。

按照方法区分，沟通可分为口头沟通、书面沟通、非言语沟通、电子媒介沟通等。各种沟通方式的比较见表 7.4。除此以外，人们还通过体态语言沟通，如拍拍肩、竖大拇指等；语调沟通，如表达严厉、激动、肯定等的语气。

表 7.4 各种沟通方式的比较

沟通方式	举例	优点	缺点
口头	交谈、讲座、讨论会、电话	快速传递、快速反馈、信息量很大	传递中经过层次越多，信息失真越严重，核实越困难
书面	报告、备忘录、信件、文件、内部期刊、布告	持久、有形、可以核实	效率低、缺乏反馈

(续)

沟通方式	举例	优点	缺点
非言语	声、光信号（红绿灯、警铃、旗语、图形、服饰标志），体态（手势、肢体动作、表情）、语调	信息意义十分明确、内涵丰富、含义隐含灵活	传送距离有限，界限含糊，只可意会，不可言传
电子媒介	传真、闭路电视、互联网或局域网多媒体交流、电子邮件	快速传递、信息容量大、远程传递、一份信息同时传递多人，可以同时上传或下载，也可面对面实时交流沟通，效率高且廉价	沟通过程中容易产生噪声，且噪声源不易控制

　　按照组织系统区分，沟通可分为正式沟通和非正式沟通。正式沟通指以正式组织系统为渠道的信息传递；非正式沟通指以非正式组织系统或个人为渠道的信息传递。

　　按照方向区分，沟通可分为下行沟通、上行沟通、平行沟通和网状沟通。下行沟通指上级将信息传达给下级，是由上而下的沟通；上行沟通指下级将信息传达给上级，是由下而上的沟通；平行沟通指同级之间横向的信息传递，这种沟通也称为横向沟通；利用网络可实现上下左右的网状沟通。

　　按照是否进行反馈，沟通可分为单向沟通和双向沟通。单向沟通指没有反馈的信息传递，单向沟通比较适合的情况：问题较简单，但时间较紧。双向沟通指有反馈的信息传递，是发送者和接收者相互之间进行信息交流的沟通，比较适合双向沟通的情况：时间比较充裕，但问题比较棘手；下属对解决方案的接受程度至关重要；下属能对解决问题提供有价值的信息和建议；上级习惯于双向沟通，并且能够有建设性地处理负反馈。表7.5给出了单向沟通和双向沟通的比较。

表7.5　单向沟通和双向沟通比较

因素	结果
时间	双向沟通比单向沟通需要更多的时间
信息理解的准确程度	在双向沟通中，接收者理解信息发送者意图的准确程度大大提高
接收者和发送者的自信程度	在双向沟通中，接收者和发送者都比较相信自己对信息的理解
满意	接收者比较满意双向沟通；发送者比较满意单向沟通
噪声	由于与问题无关的信息较易进入沟通过程，双向沟通的噪音比单向沟通要大得多

　　组织除了需要正式沟通外，也需要并且客观上存在着非正式沟通。非正式沟通的主要功能是传播职工所关心的信息，体现职工的个人兴趣和利益，与组织正式的要求无关。与正式沟通相比，非正式沟通有下列特点：

　　1）非正式沟通信息交流速度较快。由于这些信息与职工利益相关或者是他们比较感兴趣的，再加上没有正式沟通那种程序，信息传播速度大大加快。

　　2）非正式沟通效率较高。非正式沟通一般是有选择性、针对个人兴趣地传播信息。正式沟通则常常将信息传递给本不需要的人，管理人员的办公桌上往往堆满了一大堆毫无价值的文件。

3）非正式沟通可以满足职工需要。由于非正式沟通不是基于管理者的权威，而是出于职工的愿望和需要，这种沟通常常是积极的、卓有成效的，并且可以满足职工的安全需要、社交需要和尊重的需要。

4）非正式沟通有一定的片面性。非正式沟通中的信息常常被夸大、曲解，因而需要慎重对待。

不管人们怎样看待和评价非正式沟通，它都是客观存在的，并且扮演着重要的角色。管理人员对非正式沟通应采取的原则如下：

1）管理人员可以充分利用非正式沟通为自己服务，管理人员可以得到许多从正式渠道不可能获得的信息，管理人员还可以将自己所需要表达但又不便从正式渠道传递的信息，利用非正式渠道进行传递。

2）对非正式沟通中的错误信息，必须通过非正式渠道进行更正。

4. 沟通的障碍及其克服

在沟通过程中，由于存在外界干扰及其他种种因素，信息往往被丢失或曲解，使得信息的传递不能发挥正常作用。

1）个人因素。个人因素主要包括两大类：一是选择性接收，二是沟通技巧的差异。

所谓选择性接收，是指人们按照自身期望选择性地接收信息，这种选择是自觉地，也可以是无意识地，接收者只接收了他们感情上有所准备的东西，忽略了不愿接收的、不中听的。

研究表明：人们只看到他们擅长的或经常看到的东西；由于复杂的事物可以从各种角度去观察，人们所选择的角度强烈影响了他们认识问题的能力和方法。因此，管理人员应该懂得：由于人们的偏见在所难免，在做最后决定时，必须对有关各方进行协调；各部门间如果没有有效的沟通，很可能相互发生冲突，因为每个部门主管都认为其他部门主管不了解情况。

沟通技巧上的差异也影响着沟通的有效性，例如，有的人不能口头上完美地表达，但却能够用文字清晰而简洁地写出来；另一些人口头表达能力很强，但不善于听取意见；还有一些人反应较慢，理解问题比较困难。这些都产生了沟通障碍。

2）人际因素。人际因素主要包括沟通双方的相互信任、信息来源的可靠程度和发送者与接收者之间的相似程度。

如前所述，沟通是发送者与接收者之间传递与反馈的过程。信息传递不是单方的而是双方的事情，沟通双方的诚意和相互信任至关重要。上下级间或平级间的猜疑只会增加抵触情绪，减少坦率交谈的机会，也就不可能进行有效的沟通。例如，当一方怀疑某些信息会给他带来损害时，他会在与对方沟通时，对这些信息做一些有利于自己的加工。

信息来源的可靠性由下列 4 个因素决定：诚实、能力、热情、客观。组织成员对上级是否满意，很大程度上取决于对上级可靠性的评价。沟通的准确性与沟通双方间的相似性有着直接关系。沟通双方特征，（如性别、年龄、智力、种族、社会地位、兴趣、价值观、能力等）的相似性，影响了沟通的难易程度和坦率性。沟通者容易与自己相近的人达成共识。

3）结构因素。结构因素主要包括地位差别、信息传递链、团体规模和空间约束共 4 个方面。

一个人在组织中的地位很大程度上取决于他的职位。地位的高低对沟通的方向和频率有很大影响，人们一般愿意与地位较高的人沟通；地位较高的则更愿意相互沟通；信息趋向于从地位高的流向地位低的；在谈话中，地位高的人常常居于沟通的中心地位；地位低的人常常通过尊敬、赞扬和同意来获得地位高的人的赏识和信任。事实清楚地表明，地位是沟通中的一个重要障碍。

4）技术因素。技术因素主要包括语言、非语言暗示、媒介的有效性和信息过量。

大多数沟通的准确性依赖于沟通者赋予字和词的含义。每个人表述的内容常常是由他独特的经历、个人需要、社会背景等决定的。因此，同一句话或文字常常会引起不同的理解和感受。语言的不准确性还体现在各种各样的感情语句的表达中，感情可能会歪曲语句信息的含义。

当高层管理人员谈及进行激励绩效和末尾淘汰的必要性时，低层管理人员常常会产生反感，并有一种身不由已、被支配的感觉。

在面对面的沟通中，仅有 7% 的内容通过语言文字表达，另外 93% 的内容中语调占 38%、面部表情占 55%，语言与非语言暗示共同构成了全部信息。

5）克服障碍。管理者要了解沟通的重要性，正确对待沟通，克服各种沟通障碍，学会听的艺术，见表 7.6。

表 7.6 听的艺术

做到事项	不要事项
表现出兴趣	争辩
全神贯注	打断
该沉默时必须沉默	从事与谈话无关的活动
选择安静的地方	过快地或提前作出判断
留适当的时间用于辩论	草率地给出结论
注意非语言暗示	让别人的情绪直接影响你
当你没有听清楚时，请以疑问的方式重复一遍	
当你发觉遗漏时，直截了当地问	

7.3.2 解决冲突和矛盾

沟通过程五要素：沟通主体、沟通客体、沟通介体、沟通环境、沟通渠道。

1. 冲突的起源

冲突是指由于某种差异而引起的抵触、争执或争斗的对立状态。人们之间存在差异的原因是多种多样的，但大体上可归纳为三类：

1）沟通差异。社会中人们之间的背景不同、语义困难、误解及沟通过程中噪声的干扰都可能造成人们之间意见不一致。沟通不良是产生冲突的重要原因，但不是主要的。

2）结构差异。管理中经常发生的冲突绝大多数是由组织结构的差异引起的。分工造成组织结构中垂直方向和水平方向各系统、各层次、各部门、各单位、各岗位的分化。组织越庞大、越复杂，组织分化就越细密，组织整合就越困难。由于信息不对称和利益不一致，人们之间在计划目标、实施方法、绩效评价、资源分配、劳动报酬、奖惩等许多问题上都会产生不同看法，这种差异是由组织结构本身造成的，为了本单位的利益和荣誉，许多人都会理直气壮地与其他单位甚至上级组织发生冲突。不少管理者甚至把挑起这种冲突看作是自己的职责，或作为建立自己威望的手段。

3）个体差异。每个人的社会背景、教育程度、阅历、修养，塑造了每个人互不相同的性格、价值观和作风。人们之间这种个体差异往往造成了合作和沟通的困难，从而成为某些冲突的根源。

2. 冲突处理

由于沟通差异、结构差异和个体差异的客观存在，冲突不可避免地存在于一切组织之中。任何一个组织如果没有冲突或很少有冲突，任何事情都意见一致，这个组织必将非常冷漠、对环境变化反应迟钝、缺乏创新；冲突过多、过激也会造成混乱、涣散、分裂和无政府状态。

组织应保持适度的冲突，养成批评与自我批评、不断创新、努力进取的风气，这样，组织就会出现人人心情舒畅、奋发向上的局面，组织就有旺盛的生命力。

处理冲突实际上是一种艺术，管理者要遵守几个原则：

1）谨慎选择你想处理的冲突。管理者应当选择处理那些群众关心、影响面大并且对推进工作、打开局面、增强凝聚力、建设组织文化有意义、有价值的事件。其他冲突均可尽量回避，事事都冲到第一线的人并不是真正的优秀管理者。

2）仔细研究冲突双方的代表人物。深入了解冲突的根源。不仅了解公开的表层的冲突原因，还要深入了解深层的、没有说出来的原因。冲突可能是多种原因共同作用的结果，如果是这样，还要进一步分析各种原因作用的强度。

3）妥善选择处理办法。通常的处理办法有5种：回避、迁就、强制、妥协、合作。当冲突无关紧要时，或当冲突双方情绪极为激动，需要时间恢复平静时，可采用回避策略；当维持和谐关系十分重要时，可采用迁就策略；当面对重大事件或紧急事件必须迅速处理时，可采用强制策略，用行政命令方式牺牲某一方利益进行处理后，再慢慢做安抚工作；当冲突双方势均力敌、争执不下需采取权宜之计时，只好双方都作出一些让步，实现妥协；当事件重大，双方不可能妥协时，经过开诚布公谈判，走向对双方均有利的合作。

3. 谈判

谈判是双方或多方为实现某种目标，就有关条件达成协议的过程。这种目标可能是为了实现某种商品或服务的交易，也可能是为了实现某种战略或策略的合作；可能是为了争取某种待遇或地位，也可能是为了减税或贷款；可能是为了弥合相互的分歧而走向联合，也可能是为了明确各自的权益而走向独立。市场经济本身就是一种契约经济，一切有目的的经济活动、一切有意义的经济关系，都要通过谈判来建立。管理者总是面对无数的谈判对手，优秀的管理者通常是这样进行重要谈判的：理性分析谈判的事件；理解你的谈判对手；抱着诚意开始谈判；坚定与灵活相结合。

7.4 电子元器件工程项目的人力资源及沟通管理实例

7.4.1 某芯片公司的招聘管理实例

1. 项目基本情况

随着社会的变化，对国内芯片企业的创新发展和技术突破的要求越来越迫切，管理者面对巨大的行业变局，急需各种人才来充实自己的组织队伍，这对芯片公司的人力资源管理提出了更新和更高的要求。招聘管理作为人力资源管理中最关键的模块之一，是人才建设的最快、最有效的手段，需要按照本行业的特点进行优化和革新，本项目就是对某芯片公司招聘管理体系进行的优化研究。

某企业是国内领先的图像处理器、数字计算处理、高性能计算和无线图传芯片设计厂商，公司组建有核心的芯片研发团队，拥有一支经验丰富的芯片研发队伍，涉及图像处理、传感器、视频编解码、高性能处理器等多个应用方向，产品覆盖影像设备、通信设备、车载激光雷达、自动驾驶等多个领域。

基于芯片行业形势变化较快、芯片人才培养周期长，结合公司的内部管理问题（如组织管理、岗位管理、人才管理体系不完善，人才甄选的方法和工具单一等），本项目通过运用相关方法论和实践经验，提出了一整套公司招聘管理体系的优化方案。图7.7所示为本项目的技术路线图。

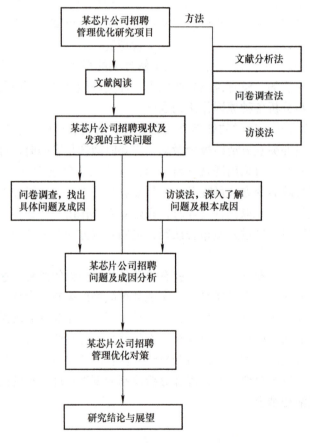

图7.7 本项目的技术路线图

2. 招聘管理

面对激烈的市场竞争和国内芯片人才的巨大缺口，如何获取关键人才，决定企业未来的健康发展，招聘管理在人才建设方面负有重要责任，也是一项具有战略价值的工作。招聘企业所需数量和质量的技术人员，是企业管理者进行下一步决策的基础。

招聘的基本流程包括：确定企业当前的人力资源情况，通过岗位分析确定未来的需求情况和当前供给情况在数量和质量上的偏差，找出与需求相匹配后的空缺岗位；确定任职资格要求，明确岗位画像，最后撰写职位描述；通过各类招聘渠道发布招聘信息，并通过各类测评方法对人才进行筛选，找到满足任职资格条件需求的人才。

一套完整科学的、符合实际的招聘管理对企业有重要的意义，主要体现在以下几个方面：

1）能够提高招聘工作效率，降低招聘成本和工作量。

2）能够建立良好的企业品牌形象，使得企业在激烈的人才市场竞争中获得更大优势，提高对优秀人才的吸引力。

3）能够建立更加完善和符合业务需要的招聘计划，同时采用更加高效准确的人才甄选方法，为企业招聘到适合的人选，提高员工稳定性。

4）能够暴露出企业人力资源管理体系中存在的问题，如企业战略、企业文化、员工共激励等方面的问题，进而反向促进企业整体人力资源管理水平和企业竞争力。

胜任力模型的含义是，员工为实现组织的绩效管理目标，或完成某项工作任务所需具备的素质或素质组合。胜任力要素包括智力、知识、技能，以及一些内在动机等要素，表7.7为人力资源经理岗位胜任力模型。

表7.7 人力资源经理岗位胜任力模型

序号	胜任力类型	胜任力名称	胜任力重要性		胜任力等级要求（分值）	
1	专业胜任力	战略导向能力	中		4	
2		团队建设		高	5	
3		沟通协调能力		高	5	
4		创新能力	中		5	
5		冲突管理能力	中			6
6		亲和力		高	5	
7		问题发现能力		高	4	
8		影响他人能力		高	5	
9	通用胜任力	思考能力		高	5	
10		学习能力		高	5	
11		抗压能力		高	5	
12		执行力		高	5	
13		成就动机		高	5	

对于大多数企业而言，需要建立符合公司岗位的胜任力素质模型，主要运用于招聘、绩效管理、人才发展、培训等。

冰山模型理论就是将人员个体素质的不同表现，划分为显性的表面"冰山以上部分"和深藏在冰山下的"冰山以下部分"，如图7.8所示。"冰山"以上部分包括行为、知识、技能，一般是一个人表象的、易于衡量和测量的能力，如销售经理岗位，人员一般需要具备销售技巧、沟通表达能力、人际交往能力等。冰山以下部分包括一个人的价值观、态度、自我形象（自我认知）、个性和品质、内在驱动力和动机。对于判断一个人的综合素质和能力而言，"冰山以下部分"往往具有比"冰山以上部分"更为重要的价值和意义。

人才管理定义为一个以目标为导向的包括规划、招募、开发、管理、报酬提供等多项内容的完整过程。许多企业用来招募、发展和保留人才，通过人才来驱动公司的业绩。

科技行业招聘急需拓展招聘渠道、灵活使用招聘方法。通过对网络招聘渠道的研究发现，随着移动网络的发展，网络招聘已逐步从 PC 端转移至移动端，移动网络招聘渠道发展非常迅速，特别是针

图 7.8　冰山模型

对一些特定行业的垂直网络招聘模式，在近几年有着极其迅猛的发展趋势，同时，网络招聘整体的增速逐步趋于稳定。

在制定招聘策略时，应当将技术发展战略分解为各部门所辖业务的发展战略，分解出业务部门的工作重点，在此基础上提报需求，并制定人力资源相关规划，从而使相关部门的需求在人力资源规划文件中得到充分体现。

某公司依托于自主研发 IP 开发，尤其在 AI 等领域获得大量品牌客户的认可，图 7.9 给出了公司的组织架构。

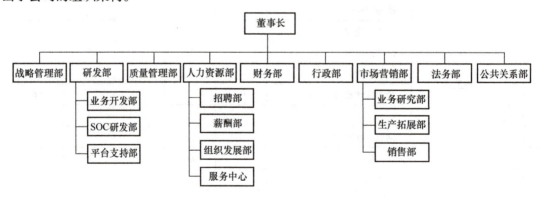

图 7.9　某公司的组织架构

某公司人力资源部的职能：负责建设公司人力资源相关制度流程；组织并实施人力资源规划及招聘计划；负责雇主品牌和文化建设支持；负责人力资源信息化建设；组织岗位管理、绩效管理、培训管理、薪酬福利管理、员工关系管理、人才管理等。

研发部的职能：持续改进和优化技术研发、技术管理、人员技术能力提升等相关制度和流程；保证开发工作的高校和高质量；负责产品开发相关工作，确保公司产品按时交付；负责制定技术研发整体业务与技术发展规划并组织实施，构筑研发核心竞争力，支撑公司的持续高质量发展。

作为高新技术企业，某公司员工的学历统计见表 7.8，表 7.9 给出了性别统计，这些数据都具有代表性。

表 7.8　某公司员工的学历统计

学历	人数	占比
本科	44	15.07%
硕士研究生	244	83.56%
博士研究生	4	1.37%

表 7.9　某公司员工的性别统计

性别	人数	占比
男	257	88.01%
女	35	11.99%

某公司的招聘管理岗的职责：根据公司战略及经营需要，建设公司招聘体系、制度、流程，监控相关标准的执行效果并持续改进；收集并将各部门招聘需求提交审核，分析岗位需求，制定招聘规划；管理并开拓招聘渠道，完成招聘渠道效果评估；运用并引入各类人才测评方法，进行人才甄选；运营招聘流程，包括但不限于人才吸引、offer 沟通、录用处理、背景调查、入职管理等；组织并实施各类招聘活动，如年度校园招聘项目、雇主品牌建设项目；进行面试官培训和管理；负责对招聘数据进行分析，出具招聘报表；进行招聘体系信息化建设等工作。

某公司社会招聘而言，招聘渠道主要包括如下几类：

1）传统网络招聘渠道，如智联招聘、前程无忧、猎聘网、Boss 直聘、领英等。
2）社交平台和社群，包括微信群、QQ 群、各类论坛、专业行业会议等。
3）猎头供应商。
4）内部推荐。

公司招聘的方法工具，包括如下几类：

1）性格测试，对于通过简历筛选的候选人，首先会进行性格测试，性格测试通过线上系统发起，测试内容包括基础数据分析、逻辑分析、价值判断等，共计约 100 道题目。通过性格测试后，安排进入面试环节。性格测试是大型企业常见的甄选工具，效率较高、信度较高，起到有效的测试价值。

2）结构化面试，本公司的面试以结构化面试为主，即围绕一套考核维度，如离职原因、求职动机、职业规划、候选人的各能力项等维度，进行系统的、流程化的面试。结构化面试是一般企业在进行人才甄选时最常使用的面试方法，可以对候选人进行全面判断，有着准确度高、系统化的特点。

公司招聘的甄选流程包括五大步骤：电话面试、性格测评、专业能力面试、部门经理面试、资格审批。

表 7.10 给出了招聘管理者访谈汇总，从中可以看出芯片行业的发展态势。

公司招聘管理存在的问题：招聘需求变动频繁；招聘人才画像不清晰；简历数量不足且成功录用率低；新员工适应性不足且离职率高。

表 7.10 招聘管理者访谈汇总

话题	汇　总
芯片行业情况	目前芯片是风口行业，行业态势与以往不同
芯片人才情况	预计近 3~5 年会处于人才短缺状况； 需要加强人才培养，完善基础学科建设
招聘优势	有成功流片和量产经验； 企业文化开放
招聘难点	人才竞争激烈，人才资源不足； 薪资缺少竞争力，特别是高级技术专家
人力资源管理情况	组织管理和岗位管理没有形成体系，缺少制度规范； 绩效和薪酬管理没有形成体系，缺少制度规范

项目提供的招聘管理优化对策：战略统一性原则；人力资源管理整体性原则；建立多元人才获取渠道，进行产教融合及海外人才吸引；基于冰山模型，采用更有效的人才甄选工具；提升基于业务情况的人力资源规划能力；基于胜任力模型，塑造清晰的岗位人才画像；基于人才管理理论，完善芯片职员的职业发展通道，如图 7.10 所示的某公司职业发展"双通道"；优化对策的保障措施。

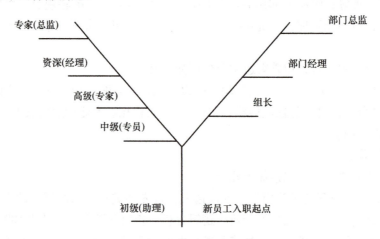

图 7.10　某公司职业发展"双通道"

其中，文化保障措施有：深入进行企业文化价值观建设；开展各类员工活动。

本项目通过对招聘管理的研究，提出了一整套优化措施，为公司未来的人才战略提供了依据。

7.4.2　某公司 CDP 项目的沟通管理实例

1. 项目基本情况

本项目是对某公司合作设计项目（Collaborative Design Project，CDP）管理方式存在的问题和缺陷进行研究分析，对现有的项目管理模式提出解决方案，旨在提高 IT 项目管理的效率、优化项目管理的方式。

本设计项目的合作单位都是著名的芯片大厂，CDP管理团队的实施单位是大型跨国公司、芯片巨头，以显卡闻名天下，市场占有率很高；合作单位之一是国内著名的多媒体卡、电子设备的供应商，产品包括VGA卡、电视卡、Fax Modem、GPRS Modem、电子词典、数码学习机、数字接顶盒、读卡器、液晶显示器等，在品牌电脑OEM/ODM市场具有较高的占有率和品牌度。

本项目的CDP是针对一款用于联想电脑的C1381显卡的设计。CDP的含义是指企业之间为了赢得某一机遇性市场竞争，有各自独特优势的不同企业按照资源、技术和人员的最优配置，快速组成一个有限的、没有围墙的、超越空间约束的、互惠互利的、协同作战的联合组织，将产品迅速开发生产出来并推出市场，从而迅速抓住市场机遇。

本项目的研究内容：项目范围管理分析与研究；沟通管理分析与研究；多厂家协调合作方案的研究。达到了降低设计风险、提高设计质量和加强项目进度控制的目标。图7.11给出了各个项目过程组在活动水平、时间框架与交叉程度等各方面的相互关系。

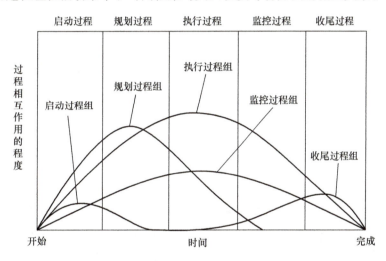

图7.11　各个项目过程组在活动水平、时间框架与交叉程度等各方面的相互关系

2. 沟通管理

传统的项目团队建设往往着眼于项目自身来考虑项目的筹建，然而，在企业的运营中，项目仍然从属于企业，是企业经营战略目标实现的中间过程。

CDP同传统的技术支持、售后服务的差别，集中在以下几点：

1）CDP是由双方或多方技术人员及市场人员共同参与产品规格的制定。

2）CDP双方工程师全程参与研发设计，包括线路图设计的评审、电路板布局的定位及布线的评审。

3）板卡上VBIOS（Video Basic Input/Output System）的提供及优化。

4）板卡信号的评测及优化。

5）板卡功耗的设计及散热片的制定及优化。

6）量产良率的跟进及提高。

可以看出，CDP通过流程机制的控制，把双方技术人员紧密地连接在一起，准确掌控客户的详细状况，了解客户的真实需求。

CDP 的工作由双方或多方技术人员及市场人员共同参与，多方有效沟通是项目实施的保证和关键环节。图 7.12 给出了 CDP 工作流程。

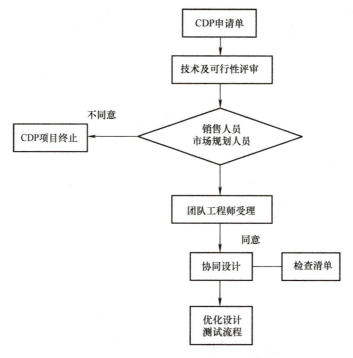

图 7.12　CDP 工作流程

填写 CDP 申请单，项目的开始→发出 CDP 申请单，做技术及可行性评审→公司内部销售人员，市场规划人员及其他相关人员全部同意后，由客户管理人员发出相关资料给客户并商定产品进度。若不同意此申请单，则告诉客户不同意的原因，此 CDP 项目中止。一旦 CDP 申请单获得通过，则进入下一步→由 CDP 团队相关工程师接受，协同客户设计。同时，对照 CDP 团队内部制定的检查清单，优化客户设计及测试流程。

通过 CDP 申请单，即把本公司同 AIC（Add In Card）客户，又把工程人员同客户、销售人员、制造部门紧密地联系在一起。大家携手合作、协同工作，共同参与决策过程。

项目范围管理是确保项目包括成功完成项目所需的全部工作，但又只包括成功完成项目所必需的工作过程。它主要关心的是确定与控制哪些应该与哪些不应该包括在项目之内。

与其他项目相比，CDP 的沟通管理更加重要，沟通把成功所必须的因素，人、想法和信息之间提供了一个关键连接，作为项目负责人需要花费很多时间与项目团队、客户、利害关系者和项目发起人进行沟通。每个参与项目的人都应认识到，他们作为个人所参与的沟通对项目整体有何影响。项目的沟通管理过程包括：沟通规划、信息发布、绩效报告、利害关系者管理等，图 7.13 给出了项目沟通管理流程。

项目中的沟通对象主要为项目干系人，不同干系人需要的信息可能不同，所以在项目启动时，就要识别所有项目干系人，以及不同人的不同信息需求；沟通是范围甚广的题目，涉及相当庞大的知识体系。

企业的创新能力很大程度上依赖于隐性知识的集成，沟通管理发挥重要的作用，项目员

第7章 人力资源及沟通管理

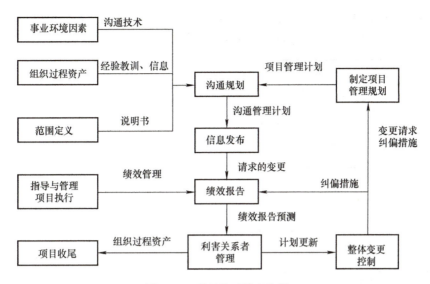

图 7.13　项目沟通管理流程

工可以通过知识集成系统上的会议系统、电子邮件、Wiki 技术讨论版等进行隐性知识的交流、激发创新的灵感。通过知识集成系统上的会议系统、个人主页、知识库管理系统等，项目员工可以将自己的经验转变成共享的显性知识。

项目经理是项目团队的核心，需扮演多种角色，要求项目经理既具有技术技能，又具有管理技能。CDP 申请单就是 CDP 沟通的保障形式之一，是用来正式确认项目存在并指明项目目标和管理人员的一种书面文件，包括的主要内容有

1）项目名称。
2）项目实施单位、项目负责人和联系方式。
3）项目的产品规格说明。
4）项目的预估产量。
5）项目的关键元器件的选择。
6）项目的预估进度。

产品的高质量是计划出来的，而不是检查出来的。技术创新项目的开发实施阶段要经过技术定型，主要是以技术分析并结合产品特点，制定几套可行的技术方案，利用可靠性分析结合可靠性测试（如高低温试验），寻找现实可行的方案，并进行试样生产、功能详细测试评估，合格后进行试生产，产品的客户做检验检测、功能测试、稳定性测试评估、高低温测试评估。合格后进行小批量生产，投入到现场试验、检测。样品制备的最后一步就是把新产品稳定地推向大量生产，把相关技术资料由研发部门过渡到生产制造部门。产品验收包括新产品详细测试报告、产品量产报告，以及开发资料的存档及验收（也就是项目计划、技术要求说明书、产品设计线路、产品物料清单等技术文件的归档）。

本公司为了加强客户的资料管理、避免资料的外泄，专设客户产品经理职位，主要负责客户资料的发送及备案。图 7.14 给出了 CDP 客户沟通的流程图。

生产的变更在本公司内部主要依靠数据库中的 ECO（Engineering Change Order）工程变更指示单来管理，通过客户文件管理系统把最新的工程变更通知发给客户，让客户了解最新

的状况。同时，通过CDP工程师的跟踪，把最新的客户状况反馈给本公司内部，形成一个稳定的信息沟通环，客户沟通信息环如图7.15所示。

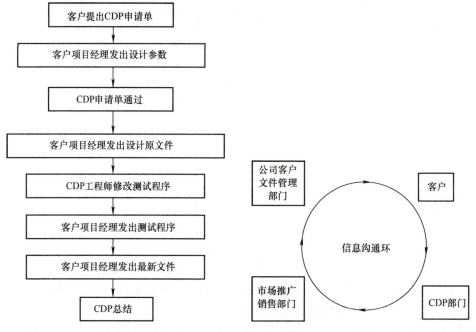

图7.14　CDP客户沟通的流程图　　　　图7.15　客户沟通信息环

沟通规划指确定利害关系者的信息与沟通需求，CDP有众多部门参与，信息的传递显得尤其必要，决定CDP沟通所需要信息通常有

1）项目组织和项目涉及人的责任关系。
2）涉及项目的变更通知，采用的图象处理器的最新进展、VBIOS的更新及驱动的更新。
3）项目所需人员的安排及应分配的资源。
4）外部市场信息的更新。

项目工程师接到项目后，根据项目要求所要填写的产品开发规格书，见表7.11a；通过产品开发规格书，明确了产品技术规格，见表7.11b，进一步巩固了沟通的成果，是信息的反馈过程。

表7.11a　产品开发规格书

序号	产品开发要求	功能描述沟通确认
1	主芯片	沟通准确
2	显存	沟通准确
3	EEPROM	沟通准确
4	晶振	沟通准确
5	电压调节芯片	沟通准确
6	输出接口	沟通准确
7	散热方式	沟通准确
8	PCB板基	沟通准确

第 7 章 人力资源及沟通管理

表 7.11b 产品技术规格

序号	技术规格要求	功能描述沟通确认
1	高温实验	沟通准确
2	低温实验	沟通准确
3	使用条件	沟通准确
4	存储条件	沟通准确
5	电压调节	沟通准确
6	电性能测试	沟通准确
7	散热测试	沟通准确
8	显示支持模式	沟通准确
9	外观结构	沟通准确

在 CDP 的基本单位之间来回传递信息，所能使用的技术和方法可能差异很大，从简短的谈话到长期的会议，从简单的邮件沟通到书面报告，讲究沟通技巧并进行项目的沟通优化，包括：制定沟通计划、优化沟通渠道、加强 CDP 的内部和外部沟通、优化沟通内容等措施。

本项目通过对 CDP 实施过程中的需求管理、变更管理、进度管理、进度计划变更、沟通管理、多个厂家协调合作等问题的分析和研究，提出了解决方案；通过本项目的实施达到了以下几个方面的目标：优化对客户的技术支持、降低了设计风险；提高了设计质量；加强了项目进度的控制；强化了企业与客户的联系。本项目提高了企业的竞争力和未来的盈利能力。

习 题

1. 简述电子元器件工程项目中常见的危险源有哪些。
2. 讨论说明沟通管理的重要性。
3. 通过各种平台，查找电子元器件工程项目中沟通管理的实例，用本章知识分析总结。
4. 通过各种平台，查找电子元器件工程项目中人力资源管理的实例，用本章知识分析总结。

第8章 创新管理

> 企业家精神的真谛就是创新,创新是一种管理职能。
> ——约瑟夫·熊彼特(Joseph Alois Schumpeter)

管理是在动态环境中生存的社会经济系统,仅仅维持其生存是不够的,还必须不断调整系统活动的内容和目标,以适应不确定环境变化的要求,这就是创新职能。创新是知识经济的灵魂,是现代企业的活力之源。

创新是企业生存的关键,是项目的灵魂,新产品开发不仅是为了满足市场需求,更是企业的社会责任,也是企业发展的基石。

创新管理是组织行为,具有很强的不可预测性,但是创新具有明显的规律性,管理者可以依靠产品开发的4个原则来提高创新的成功率。

管理者还必须鼓励员工们敢于冒险、敢于创新,管理者需要创造一种支持企业家精神的结构和文化,创新是全员参与的活动。

只有成功进行新产品开发的企业才能具有更好的发展。

本章首先讲述创新与技术变革,要求掌握技术变革的原因和意义,认识产品的生命周期;然后论述创新的组织驱动,学会创新的类型、培养;学习和掌握创新的原则与原理;最后通过案例,学习创新管理方法和技术创新改进的实践措施。

8.1 创新与技术变革

电子元器件工程项目是人类最复杂的工程活动,技术创新是电子元器件工程的必然趋势,广义来讲,技术是用来设计、生产分销产品和服务的技能、知识、经验、(拥有科学知识的)个人、工具、机器、计算机和设备。技术存在于所有组织行为中,并且,高速的技术进步使技术变革成为很多组织进行创新的重要因素。

8.1.1 技术变革的动力

1. 基本概念

技术变革的方式主要有两种:飞跃性的和增量性的。飞跃性技术变革(Quantum Technological Change)是指技术上的根本性改变,这种改变导致了新型产品和服务的创新。例如,互联网的发展导致了计算机产业的革命,基因工程(生物技术)通过开发基因工程药物带来了疾病治疗的革命;增量性技术变革(Incremental Technological Change)是通过改进现有技术而使产品不断发展者改进的改变。

[**实例 1**]　自 1971 年以来，英特尔公司的微处理器就经历了增量性技术变革，从开始的 4004，到 8088、8086、286、386、486，再到 1993 年出现的第一代奔腾芯片，再到 2000 年推出的奔腾 4 和 2001 年推出的 Itanium 芯片。

飞跃性技术变革带来的产品创新称为飞跃性产品创新（Quantum Product Innovation），这种创新相对较少。多数组织的管理者都将大多数时间用于管理由增量性技术变革带来的产品创新，即增量性产品创新（Incremental Product Innovation）。

例如，每当戴尔计算机公司或康柏计算机公司在个人电脑中添加一个新的、更快的芯片，就是进行了增量性产品创新。同样，每当一家汽车公司的工程师重新设计一种汽车模型，这些都属于增量性产品创新。增量性变革没有飞跃性变革剧烈，但并不意味着不重要。实际上，我们下面将讨论，管理者成功进行增量性产品开发的能力往往决定着企业的成败。

[**实例 2**]　半导体发展史上的重大发明，都是科学的创新。例如，1947 年出现的晶体管；1959 年出现的集成电路；2011 年商业化的鳍式场效应晶体管（Fin Field-Effect Transistor，FinFET）等。

2. 内部驱动动力

哈佛商学院教授迈克尔·波特说："如果你试图做的和你的竞争对手本质上是一回事，那么你不太可能非常成功"。（"If all you're trying to do is essentially the same thing as your rivals, then it's unlikely that you'll be very successful"）

飞跃性和增量性技术创新的影响随处可见。在二三十年前，微处理器、个人计算机、移动电话、寻呼机、个人数字助理、文字处理软件、计算机网络、数码相机和摄像机、随身听 VCR 和 DVD 播放器、基因工程药物、电动汽车、在线信息服务、电商、集体旅行等，这些产品与服务要么不存在，要么十分昂贵，一般消费者买不起；而现在这些产品随处可见并且不断更新。许多新技术与产品成就了不少知名公司，例如，个人电脑领域的戴尔计算机和康柏计算机、计算机软件领域的微软、微处理器行业的英特尔、移动电话行业的诺基亚、摄像机与 CD 播放器行业的索尼、盒式磁带录音机领域的松下、快餐业的麦当劳和连锁超市中的沃尔玛等。

[**实例 3**]　2020 年，比亚迪发布刀片电池（磷酸铁锂电池），这种电池具有高安全、长寿命、高续航等特点，不含镍、钴金属，并通过电池行业最苛刻的可靠性单体电池针刺试验。2021 年全年，比亚迪汽车市场占有率为 3.60%，行业排名第 13 位；2022 年 2 月，比亚迪市场占有率快速攀升到 7.10%，行业排名第 2；2023 年 2 月，比亚迪汽车市场占有率达到 12.70%，这是中国"单一品牌"汽车厂商多年来难以企及、盼望已久的市场高度。

当一些公司从技术变革中获益时，另外一些公司则看到它们的市场受到了威胁、前途堪忧。全球的传统电话公司明显感受到网络、宽带、移动电话技术的新公司对它们市场统治地位的威胁。例如，移动电话公司的发展使 AT&T 和其他长途电话公司面临不断增强的竞争。一度占有统治地位的电子消费品公司（如 RCA）衰落和失败的直接原因，就在于 VCR 和随身听等创新产品的出现。

技术变革既带来了机遇，也带来了挑战。一方面，它为管理者及其组织创造了利用新产品的机会；另一方面，新的、更先进的产品会危害甚至摧毁对已有产品的需求。沃尔玛曾让上万家小商店破产，麦当劳也让上万家小餐饮店关门，大部分原因在于，这种新公司拥有创新的生产系统,能为顾客提供价格更低的产品。与此类似,过去五年中,由于IT的发展,网上书店导致美国上万个小书店关门。同样地,由于英特尔公司开发的微处理器需要相关的软件和硬件才能运行,为不少企业家创造了大量机会,但同时,微处理器也摧毁了对一些老产品的需求,一些相关公司的管理者未能及时预见变革及采取相应措施而导致公司倒闭。例如,打字机公司的管理者们应该注意到新技术将要直接与他们的产品竞争,因此必须收购或合并新的计算机公司。然而,绝大部分公司的管理者没有注意到这些问题,曾经非常著名的Smith Coro-na公司就因此而倒闭,在这一章我们将详细讨论企业家精神的实质。

8.1.2 产品生命周期和产品开发

当技术发生变化时,组织的生存需要管理者快速采纳和应用新技术来创新产品。没有这样做的管理者很快就会发现,他们的产品已经丧失了市场,这摧毁了他们的公司。一个产业内技术变革的速度,特别是产品生命周期的长度,决定了管理者进行创新的重要程度。

产品生命周期(Product Life Cycle)反映了随着时间变化对产品需求的变化。大多数成功产品的需求经历了4个阶段:萌芽阶段、成长阶段、成熟阶段和衰退阶段(见图8.1)。在萌芽阶段,一种产品尚未得到广泛认可,顾客对产品能够提供什么还不确定,对它的需求也很小。如果一种产品已经得到顾客认可(很多产品可能得不到),需求开始增加,产品就进入了成长阶段。在成长阶段,许多顾客会进入市场首次购买这种产品,需求量很快增加,人工智能软件ChatGPT就处于该阶段。

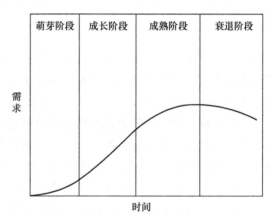

图8.1 产品生命周期

当市场需求达到最高峰时,成长阶段结束,成熟阶段开始,因为大多数顾客已经购买了这种产品(潜在的首次购买者很少了)。处于这个阶段的需求一般是替换的需求。例如,在汽车市场里,大多数汽车都是被那些已经拥有汽车的人购买的,他们或者是买了更贵的车,或者是替换了老型号的车。移动电话、家用电脑、在线信息服务目前就处于该阶段。如果对产品的需求有所下降,则表明衰退阶段在成熟阶段之后到来了。需求下降的出现,通常是由于这种产品在技术上已经过时,被更先进的产品替代。例如,当新的、技术更先进的、有更多特点的模式出现时,对过时产品的需求都会下降。

1. 技术变革速率

决定产品生命周期长度的一个主要因素是技术变革速率。图8.2显示了技术变革速率与产品生命周期长度的关系。在一些行业(如个人计算机、半导体和硬盘驱动器行业),技术变革很快,因此,产品生命周期就非常短。例如,硬盘驱动器行业的技术变革很快,以至于一种硬盘驱动器推出后12个月,在技术上就过时了。个人计算机行业同样如此,产品生命周期已从20世纪80年代末的3年缩短到现在的几个月。

在其他行业里,产品生命周期相对长一些。例如,在汽车行业,产品生命周期平均是5

年。汽车的生命周期这么短,是因为相当快的技术变革带来了对汽车设计不断进行增量性创新的潮流,例如,引入车门安全气囊、先进的电子控制、塑料车身部件和更省油的引擎。相反,在很多技术变革较慢的基础产业里,产品生命周期就长得多。

[实例4] 英特尔、AMD与不断缩短的产品生命周期。当今世界,85%的个人电脑用的是英特尔微处理器。英特尔公司在行业内的统治地位可以追溯到1980年,当时IBM决定在它的第一款个人计算机里使用英特尔的8086微处理器。从那时起,英特尔生产了一系列功能不断增强的微处理器,包括286、386、486和奔腾芯片。

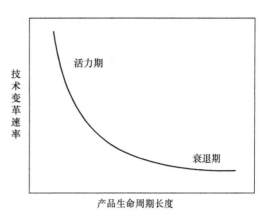

图8.2 技术变革速率与产品生命周期长度的关系

1965年,英特尔的创始者之一戈登·摩尔(Gordon Moore)提出了著名的"摩尔定律",即每个集成电路的晶体管数量每18个月翻一番。由于有英特尔等公司所掌握的技术,摩尔定律至今仍然成立。图8.3所示为英特尔微处理器的进化示意图。

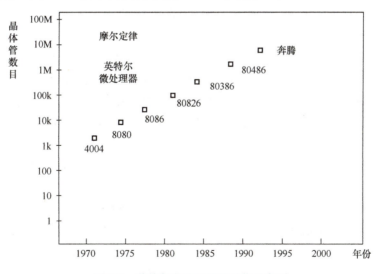

图8.3 英特尔微处理器的进化示意图

然而,英特尔公司无法事事如愿,在20世纪90年代,几家公司开始仿造英特尔的芯片。一旦模仿成功,芯片的价格就会下降。AMD就是其中一家,并且一直保持着高速发展。

过去,英特尔对AMD等公司的竞争优势在于,这些公司无法在英特尔新型微处理器推出之前开始设计相似产品。英特尔在AMD开发出相似产品之前,通常有几个月甚至几年的领先时间。然而,AMD仿造英特尔微处理器的时间越来越短。1985年,英特尔开发了386芯片,AMD花了5年时间才开发出相似的处理器。而复制英特尔的下一代芯片486,AMD只花了3年时间。英特尔在1993年年初开始投产奔腾芯片,AMD仅在两年后就推出了相似产品P5。为了保持竞争中的领先地位,英特尔加快了产品开发速度,即有效缩短产品生命周期。英特尔在 1995 年开发了继奔腾之后的高能奔腾,这比奔腾取代 486 的速度加快了两倍,从而保持了对竞争对手的压力。

2000 年,AMD 推出一种新型芯片——速龙(Athlon),这种芯片的处理速度高于英特尔当时最快的奔腾 4 处理器。AMD 由此在芯片处理速度上领先了几个月。然而,2001 年 8 月,仅在 18 个月之后,英特尔又推出新的处理器,处理速度又翻了一番。这些变化再次证实了摩尔定律。

越来越快的革新和模仿速度,大大缩短了英特尔独占市场获取高额利润的时间。在 2000 年上半年,因产品生命周期缩短而导致的利润下降,表明英特尔没有能力继续控制市场,英特尔的价格也开始下降。然而,英特尔在该产业中仍占统治地位(尽管 AMD 声称,2001 年它们占有了芯片市场的 20%)。

2. 流行与时尚的作用

流行与时尚是产品生命周期重要的决定因素。5 年前的汽车设计可能已经在技术上过时了,而且看上去也不够现代,因此会失去对顾客的吸引力。同样,在餐饮行业里,对某种食物的需求变化很快,西南式烹饪在某一年流行,而到了下一年,它就可能成为历史,因为加勒比风味成了时尚食品。在高度依赖时尚的服装行业,对时尚的考虑尤为重要,在这个行业里,上一个季节的服装款式到了下一个季节通常就会过时,产品生命周期可能只有不到 3 个月。因此,流行与时尚是产品生命周期可能较短的另一个原因。

3. 管理的含义

不管产品生命周期较短是因为快速的技术变革、不断变化着的流行时尚,还是这两者的某种结合,它带给管理者的信息是明确的:你的产品生命周期越短,迅速、不停地进行产品创新就越重要。在产品生命周期非常短的行业里,管理者必须不停地开发新产品;否则,他们的组织就可能破产。不能在 6 个月内改进产品线的个人计算机公司将很快陷入困境。如果服装公司不能每个季度都设计出新的服装款式,对现在的流行和时尚不够敏感,那么这些公司也不会成功。汽车公司的产品生命周期稍微长一些,但管理者也必须每 5 年左右就开发出先进的新产品。

越来越多的证据表明,很多行业的产品生命周期被不断地压缩,因为管理者集中组织的资源进行创新,以此来增强对顾客的反应程度。为了吸引新顾客,企业经理们互相竞争,他们都希望成为市场上第一个推出新技术或拥有新时尚潮流产品的公司。在汽车行业,通常 5 年的产品生命周期正在被缩减至 3 年,因为管理者的互相竞争愈演愈烈,他们在努力吸引新顾客并鼓励老顾客升级和购买最新的产品。

8.2 创新的组织驱动

创新来源于创造力,具有创造力的人通常匠心独运、思想开放、具有好奇心、专注于需要解决的问题、持之以恒、有着轻松幽默的心态,并且乐于接受新想法。具有创造力的组织的特点与具有创造力的个人的特点非常一致,许多工作是通过团队来完成的,具有创造力的组织中的管理者支持冒险和试验,让员工参与各种各样的项目,这样员工就不至于局限在日常工作中,消除了员工对犯错的担心,因为这种担心会碍创造性思维。研究表明,成功的创新通常伴随着大量的失败。

8.2.1 创新的类型

1. 基本含义

"创新"（Innovation）概念最早是由美籍奥地利人约瑟夫·熊彼特（Joseph Alois Schumpeter）提出的，在其1912年著的《经济发展理论》中，首次使用了"创新"一词。熊彼特认为，创新就是建立一种新的生产函数，即实现生产要素和生产条件的一种从来没有过的新组合。这种新组合包含以下内容：

1）开发新产品。
2）引进新技术。
3）开辟新市场。
4）获得新的原料来源。
5）实行新的组织形式。

从1912年到现在，创新的概念在不断发展。我们认为创新是一种思想及在这种思想指导下的实践，是一种原则及在这种原则指导下的具体活动，是管理的一项重要职能。例如，为了加快科技成果的转化，提出了科技创新；为了提高国家的总体实力和竞争能力，提出了体制创新和制度创新；企业为了获取更高的效益，提出了管理创新；为了培养创新人才，提出了教育创新等。可以说，"创新"有着无限的空间，既涉及技术性变化的创新，如技术创新、产品创新；也涉及非技术性变化的创新，如管理创新、组织文化创新、观念创新、市场创新等。

2. 创新的分类

创新有3种主要类型，即技术创新、管理创新、制度创新。

就一个企业而言，技术创新不仅指商业性地应用自主创新的技术，还可以是创新地应用合法取得的他方开发的新技术或已进入公有领域的技术来创造市场优势。

（1）技术创新

技术创新大致包含三类：

1）跟随创新。别人有创新，在它的基础上或者在它的外围，再去发展新的东西。如韩国CDMA手机是从美国引进的，它的核心技术是美国的，但是韩国对CDMA手机的一些外围技术做了很多创新，它也掌握了很多项专利。即在别人的基础上，在外围跟随创新。

2）集成创新。所谓集成创新就是现有技术的组合，组合起来而创造一种新的产品。

3）原始创新。原始创新是从发明开始，即企业要具备自己的研究开发能力。

目前，我国不得不面对这样一个严酷的现实，由于缺乏原始创新造就的核心竞争力，我国大部分产品的制造都在为跨国公司打工。2004年，我国电子信息产业全行业的平均利润率仅为3.8%，而美国英特尔公司全年利润率为32%；韩国三星半导体公司全年利润率高达50%。这就是产业强国与消费大国、加工大国的本质区别，也是我国企业为何要积极倡导原始创新、造就核心竞争力的根本所在。国外企业的研究开发费用根据行业不同，一般为销售额的3%~10%，特别是高科技行业，如IT、生物技术、制药等行业，它们的研究开发费用都要占到销售额的10%左右。企业要保持这样的投入才能不断创新，如果企业不创新，它在市场竞争中就很难立足。另外，企业对市场的需求要有敏感性，主要表现在要能够根据市场需求改进老产品，或者开发新产品。例如，美国杜邦公司开发的尼龙，尼龙在投入市场初期时，只是用来制造降落伞和尼龙丝袜；到1945年，杜邦公司就把尼龙扩大用途，用于纺织用的精纱；1948年又把尼龙用到轮胎上，作为轮胎的帘子布；1955年，把尼龙用来做膨胀纱；1959年，把尼龙用来作为地毯纱。产品是有生命周期的，当产品一个用途的需求饱和以后，又开发出一个新用途，于是又打开了新的生命周期，这样不断地开发新用途，就使得产品生命周期延长了，使产品能不断保持赢利。

(2) 管理创新

管理创新是指把一种新思想、新方法、新手段或者新的组织形式引入企业，并取得相应效果的过程。例如，有的企业规定一些具体的数量指标，每年在价格、质量和顾客满意度方面达到改进3%~5%的要求。改进从第一线的信息反馈做起。然后，企业自己的研发人员把第一线传来的建议和疑问转化为对产品、流程或服务的改进。企业还可以进一步利用新产品、新流程或新服务，派生出更新的产品、更新的流程和更新的服务，这就是管理创新，是一种低成本、见效快的创新方法。

可见，管理创新是为适应企业内外环境变化而进行的局部和全局调整，其实质就是改变资源的产出效率。例如，麦当劳公司并没有发明任何新事物，但是它运用管理思想与管理方法，使产品、生产过程和服务过程标准化，大大提高产品质量，因而开拓了一个新市场，引出大批新顾客。

(3) 制度创新

企业制度主要包括产权制度、经营制度和管理制度。产权制度是决定企业其他制度的根本性制度，其创新方向是建立归属清晰、权责明确、保护严格、流转顺畅的现代产权制度。经营制度是有关经营权的归属及行使权利的原则规定，它构成公司的法人治理结构，其创新方向应是不断寻求企业生产资料最有效利用的方式。管理制度是行使经营权、组织企业日常经营的各项具体规则的总称，其创新方向应是通过变革性的有效管理，从而在要素不变或者在较少要素投入的情况下，提高企业效益。作为管理制度最重要内容的分配制度，其创新在于不断地追求和实现报酬与贡献在更高层次上的平衡。

8.2.2 创新的过程

1. 创新的一般过程

著名的管理大师彼得·德鲁克曾说过："创新行动赋予资源一种能力，使它能够创造财富。事实上，创新本身创造了资源"。创新也是一个过程，而且有其自身的特点。创新的一般过程在很大程度上取决于自身的能力、知识、个性特点等。总结众多成功企业的经验，成功的创新一般要经历以下4个阶段：

1) 提出设想。敏锐地观察到不协调现象后，还要透过现象探究其原因，并据此分析和预测不协调的未来变化趋势，估计它们可能给企业带来的积极或消极后果，并在此基础上，努力利用机会或将威胁转化为机会。例如，采用头脑风暴或畅谈会等方法提出多种解决问题、消除不协调、使系统在高层次实现平衡的创新构想。

2) 寻求机会。创新是打破原有秩序。因为原有秩序内部存在着或已经出现了某种不协调的现象。这些不协调对企业发展造成了某种不利威胁。创新活动正是从发现和利用原有秩序内部的这些不协调现象开始，积极寻找机会，加以解决。表现为收集和整理资料，储存必要的知识和经验，准备必要的技术、设备及其他有关条件，明确问题的关键所在，并提出解决问题的各种假设与方案。

3）行动迅速。创新成功的秘密还在于迅速行动。提出的构想可能还不完善，但这种并非十全十美的构想必须立即付诸行动才有意义，因为没有行动的思想就会自生自灭，这句话对于创新思想的实践尤为重要。只顾追求完美，以减少受到讥讽和攻击的机会，就会坐失良机，把创新的机会白白地送给自己的竞争对手。所以，创新的构想只有在不断尝试中才能逐渐完善，企业只有迅速行动才能有效利用机会。

4）努力坚持。构想经过实践才能成熟，而实践是有风险的，"一箭命中"的概率微乎其微。所以创新者在开始行动后，为取得最终的成功，必须坚定不移地继续下去，决不能半途而废，否则就会前功尽弃。因此，创新者必须有足够的自信心和较强的忍耐力，能正确面对实践过程中出现的失败，既为减少失误或消除失误后的影响采取必要的预防或纠正措施，又不把一次实践的失利看成整个"战役"的失败，创新的成功只能在屡屡失败后才姗姗来迟。伟的发明家爱迪生有一句名言："我的成功乃是从一路失败中取得的"。所以，创新的成功在很大程度上要归因于"最后一刻"的坚持。

2. 企业创新进程中的五大阻力

有的管理者说："不革新的企业是等待死亡，但是，不成功的变革则会加速企业的死亡"。在创新中失败的企业都有一个共同特点，那就是忽视了人的转变的难度，或者完全忽视了人的因素。就像所有的发明创新一样，企业创新也会在其进程中遇到一系列问题。

1）目光短浅，只考虑眼前。事物的发展是一个不断自我否定的成长过程，如果目光短浅，只考虑眼前利益或以前的习惯，知难而不前，在这样的组织中不可能产生创新火花。

2）受习惯势力的支配。企业也和人一样是受习惯势力支配的。对于企业来说，习惯势力就是现有的成文的和不成文的行为规范、规章制度或管理程序。时间一长，这些习惯也就自然而然地嵌入组织里，就像冰川中的石头一样。

3）过度的分析论证。既然是创新，就意味着前无古人，它总包含着一定的风险因素。任何挑剔的眼光、过度的分析与论证，都可能将创新扼杀在摇篮之中。但实际上，任何一种行动方案在实施过程中势必都会随着实际情况的变化而调整，通过一个反馈的循环而日趋完善。没有绝对完美的方案，这是一个实践中屡试不爽的真理。

4）担心失去既得利益。创新会威胁到人们为取得现状所做的投资。人们对现状投入越多，他们反对创新的力量就越大，他们担心失去现有的地位、收入、权势、个人便利和其他福利。这也是为什么年老员工比年轻员工更加反对创新的原因。年老员工一般对现有系统的投资更多，因此创新后失去的也更多。所以，创新也要注意会影响到哪些人的既得利益。

5）不确定性。组织成员对不确定性有一种天生的厌恶感。例如，在制造厂中引入复杂统计模型的质量控制方法，往往意味着许多质量检验员需要学习新的方法。老员工可能对学习新方法、新技术产生排斥。

在企业创新变革的过程中，来自个人的阻力是最关键和最困难的因素。所以，要在企业中进行创新变革，一定要充分考虑人的因素。因为"没有什么事情比改变事物的秩序更困难、更危险、更受到怀疑。既得利益者的反对永远是坚定的，而支持者总是比较温和的"。

3. 创新的培育

提及成功的创新者，这些都是创新者：索尼公司创新的随身听、游戏天地（Play Station）、艾伯公司创新的机器人宠物（Aiborobot pets）和 Vaio 公司创新的笔记本电脑；明尼苏达采矿制造公司 3M 发明的即时贴（Post-It-Notes）、消防水龙带（Scotch-guard Protective Coating）和透明胶带（Cellophane Tape）；英特尔公司创新的芯片设计。这些创新领先企业成功的秘诀是什么？他们是如何培育出对企业成功如此重要的创新能力呢？

1）树立全方位创新理念。任何工作岗位都需要创新，也存在创新的可能，不管该岗位是多么平凡。

2）营造适合创新的氛围。需要有合适的环境使创新过程开花结果。

首先，要改变传统的培养人的理念，创新意识可以培养。社会、学校、企业能不能把科学研究的素质教育，即对问题的理性探索能力的培养根植于民众意识之中，当我们遇到问题时，哪怕生活中的小问题，也要积极探索现象背后的原因，让我们涌动着强烈的理性创造欲望和激情，充满对新知识的渴望。

其次，企业采用有机式结构对创新有正面影响。因为这类组织的正规化、集权化和专业化程度都较低，因此，采用有机式结构可以提高灵活性、开放性、应变力和跨职能工作能力，员工能够非常容易地与组织内部和外部的有关人员合作，这些都是创新必备的。

最后，知识共享对激发和培育创新非常关键。例如，IBM 公司有一个发展快速的软件事业部——特欧利系统部（Tivoli systems），其松散的有机式结构使员工们能共享思想和公开评论其他人的成果。"特欧利人"（他们喜欢这样称呼自己）能够无拘无束地表明自己的立场，发表自己的看法，甚至挑战权威。

3）建立创新激励机制。与一般生产性活动最大的不同在于，在创造性活动中，人才所发挥的作用极其巨大。美国微软的员工只有 1.6 万人，公司的固定资产也就是计算机、服务器及一些房产，加起来不过几亿美元，但其市值已高达 700 多亿美元，其核心要素就是拥有一批软件业的顶尖人才。企业要想创新，就要把发现人才、培养人才、吸引人才和稳定人才，作为首要任务。

4）公司在资源配置上要倾斜。创造本身需要投入，产品创新和技术创新更需要大投入，国外公司的产品研发费用每年动辄数亿、数十亿美元。

[实例 5] 1987 年，华为成立，经过 30 多年的拼搏努力，"这艘大船"划到了"与世界同步的起跑线"上，华为从小到大、从大到强、从国际化到全球化的全过程，就是基于创新的成功。华为最初设立战略研究院，在全球建立了多个研发中心、基础技术实验室，包括材料、散热、数学、芯片、光技术等，并成立华为的芯片研发中心（海思半导体），华为认为人类未来将进入智能社会，智能社会有 3 个特征：万物感知、万物互联、万物智能。

5）加强创新方面的训练，提升创新技能。创新能力并不是天生的，在很大程度上取决于后天的学习和训练。

下面介绍创新的工具和方法：俄罗斯根里希·阿尔特舒勒所创造的 TRIZ 法。根里希·阿尔特舒勒研究全球 20 万个专利，发现其中 4 万个代表了新的解决方案，形成了一套完整的创新方法论。TRIZ 的核心思想是提出了五大创新方法，分别是

1)简化,即减少那些看起来必不可少的功能。如将显示器的调节用一个按键来完成。
2)扩展,即复制和倍增某些功能。如将牙膏的孔增大,这样使用者每次都会多挤出点。
3)分解,即将整体按照功能或者形态分割成部分,如组合音响。
4)任务整合,简单说就是将多项任务综合起来,如可以扩散空气清新剂的空调。
5)特征依存性变化,即人为改变产品某些特征的依存关系,如女士专用剃刀的出现。

8.3 创新的原则与原理

8.3.1 创新的原则

创新原则就是开展创新活动所依据的法则和判断创新构思所凭借的标准。

1. 科学性原则

创新必须遵循科学性原则,不得违背科学发展规律。因为任何违背科学原理的创新都是不能获得成功的。例如,近百年来,许多才思卓越的人耗费心思,力图发明一种既不消耗任何能量,又可源源不断对外做功的"永动机",但无论他们的构思如何巧妙,结果都逃不出失败的命运。其原因在于,他们的创新违背了"能量守恒"的科学原理。为了使创新活动取得成功,在进行创新构思时,必须做到以下几点:

1)对发明创造设想进行科学原理相容性检查。创新的设想在转化为成果之前,应该先进行科学原理相容性检查。如果关于某一创新问题的初步设想,与人们已经发现并获得实践检验证明的科学原理不相容,则不会获得最后的创新成果。因此,与科学原理是否相容,是检查创新设想有无生命力的根本条件。

2)对发明创新设想进行技术方法可行性检查。任何事物都不能离开现有条件的制约。在设想变为成果时,还必须进行技术方法可行性检查。如果设想所需要的条件超过现有技术方法可行性范围,则该设想只能是一种空想。

3)对创新设想进行功能方案合理性检查。任何创新的新设想,在功能上都有所创新或有所增强。但一项设想的功能体系是否合理,关系到该设想是否具有推广应用的价值。因此,必须对其合理性进行检查。

2. 市场评价原则

创新设想要获得最后的成果,必须经受走向市场的严峻考验,爱迪生曾说:"我不打算发明任何卖不出去的东西,因为不能卖出去的东西都没有达到成功的顶点。能销售出去就证明了它的实用性,而实用性就是成功"。

创新设想经受市场考验,实现商品化和市场化要按市场评价的原则来分析。其评价通常是从市场寿命观、市场定位观、市场特色观、市场容量观、市场价格观和市场风险观共6个方面入手。考察创新对象的商品化和市场化的发展前景,而最基本的要点则是考察该创新的使用价值是否大于它的销售价格,也就是要看它的性能、价格是否优良。但在现实中,要估计一种新产品的生产成本和销售价格不难,而要估计一种新发明的使用价值和潜在意义则很难。这需要在市场评价时把握住评价事物使用性能最基本的几个方面,然后在此基础上作出结论，它们包括：①解决问题的迫切程度；②功能结构的优化程度；③使用操作的可靠度；④维修保养的方便程度；⑤美化生活的美学程度。

3. 相对较优原则（因地制宜原则）

创新不可盲目追求最优、最佳、最美、最新。在创新过程中，利用创造原理和方法，获得许多创新设想，它们各有千秋，这时，就需要人们按相对较优的原则，对设想进行判断选择。从创新技术先进性上进行比较选择，可从创新设想或成果的技术先进性上进行各自之间的分析比较，尤其是应将创新设想与解决同样问题的已有技术手段进行比较，看谁领先和超前。从创新经济合理性上进行比较选择，经济的合理性也是评价判断一项创新成果的重要因素，所以对各种设想的可能经济情况要进行比较，看谁合理和节省。从创新整体效果性上进行比较选择，技术和经济应该相互支持、相互促进，它们的协调统一构成事物的整体效果性，任何创新的设想和成果，其使用价值和创新水平主要是通过它的整体效果体现出来，因此，对它们的整体效果要进行比较，看谁全面和优秀。

4. 机理简单原则

创新只要效果好，机理越简单越好。在现有科学水平和技术条件下，如果不限制实现创新方式和手段的复杂性，所付出的代价可能远远超出合理程度，使得创新的设想或结果毫无使用价值。在科技竞争日趋激烈的今天，结构复杂、功能冗余、使用繁琐已成为技术不成熟的标志。因此，在创新过程中，要始终贯彻机理简单原则。为使创新的设想或结果更符合机理简单原则，可进行如下检查：新事物所依据的原理是否重叠、超出应有范围；新事物所拥有的结构是否复杂、超出应有程度；新事物所具备的功能是否冗余、超出应有数量。

著名的"奥卡姆剃刀定律"（又称"奥康的剃刀"）只有 8 个字的格言："如无必要，勿增实体"。其含义是：只承认一个确实存在的东西，凡干扰这一具体存在的空洞的普遍性概念都是无用的累赘和废话，应当依据这一格言一律取消。600 多年来，许多杰出的创新人才拿起这把"剃刀"，面对纷繁复杂、变化万千的表象，去伪存真、删繁就简，获得了一个又一个的创新成果。

5. 构思独特原则

我国古代军事家孙子在其名著《孙子兵法·势篇》中指出："凡战者，以正合，以奇胜。故善出奇者，无穷如天地，不竭如江河。"所谓"出奇"，就是"思维超常"和"构思独特"。创新贵在独特，创新也需要独特。在创新活动中，关于创新对象的构思是否独特，可以从以下几个方面来考察：创新构思的新颖性、创新构思的开创性、创新构思的特殊性。

2007 年，重庆市一个命名为"人造龙卷风发电系统"的发明专利获得中国西部研究与发展促进会推荐。由于无污染、无噪声且发电成本仅为现有发电方式的 1/5，吸引了部分公司准备投资开发该专利。用白铁皮自制一个风筒，用电阻丝在底部加热，产生冷热空气对流，风筒里的风轮就开始旋转，风筒加高一倍，风轮转速就增加一倍，这个小小的发现，竟给丰都县陈玉泽、陈玉德两兄弟带来了一个国家级发明专利——人造龙卷风发电系统。

6. 不轻易否定、不简单比较原则

不轻易否定、不简单比较原则是指在分析评判各种产品创新方案时应注意避免轻易否定的倾向。在飞机发明之前，科学界曾从"理论"上进行了否定的论证；过去也曾有权威人士断言，无线电波不可能沿着地球曲面传播，无法成为通信手段。显然，这些结论都是错误

的，这些不恰当的否定之所以出现，是由于人们运用了错误的"理论"，而更多的不应该出现的错误否定，则是由于人们的主观武断，给某项发明规定了若干用常规思维分析证明无法达到的技术细节的结果。

在避免轻易否定倾向的同时，还要注意不要随意在两个事物之间进行简单比较。不同的创新，包括非常相近的创新，原则上不能以简单的方式比较其优势。

不同创新之间不能简单比较的原则，带来了相关技术在市场上的优势互补，形成了共存共荣的局面。创新的广泛性和普遍性都源于创新具有的相容性。例如，市场上常见的钢笔、铅笔就互不排斥，即使都只是铅笔，也有普通木质的铅笔和金属或塑料杆的自动铅笔之分，它们之间也不存在互相排斥的问题。

总之，我们应在尽量避免盲目地、过高地估计自己的设想的同时，也要注意珍惜别人的创意和构想。简单地否定与批评是容易的，难得的却是闪烁着希望的创新构想。在创新活动中遵循创新原则是提升创新能力的基本要素，是攀登创新云梯的基础。有了这个基础就把握了开启创新大门的"金钥匙"。

8.3.2 创新的原理

创新是人脑的一种机能和属性，与生俱来，人的一切心理现象或者创新意识、创新精神等都是人脑的一种基本功能，是与人类自身进化同步形成的客观天赋。创新是人类自身的本质属性，人人皆有，它是人类与自然交互影响中形成的一种自然秉赋。创新是可以被某种原因激活或教育培训引发的一种潜在的心理品质，人的潜在创新能力一旦被某种因素激活或教育引导，都可能导致巨大创新能量的发挥。虽然创新的方式方法多不相同，且往往带有偶然性，但创新依然有一些通用的原理可以遵循。

1. 综合原理

综合是在分析各个构成要素基本性质的基础上，综合其可取部分，使综合后所形成的整体具有优化的特点和创新的特征。

2. 组合原理

这是将两种或两种以上的学说、技术、产品的一部分或全部进行适当叠加和组合，用以形成新学说、新技术、新产品的创新原理。组合既可以是自然组合，也可以是人工组合。在自然界和人类社会中，组合现象是非常普遍的。

爱因斯坦曾说："组合作用似乎是创造性思维的本质特征"。组合创新的机会是无穷的。有人统计了20世纪以来的480项重大创造发明成果，经分析发现，20世纪三四十年代是以突破型成果为主而组合型成果为辅；20世纪五六十年代，两者大致相当；从20世纪80年代起，组合型成果占据主导地位。这说明组合原理已成为创新的主要方式之一。

3. 分离原理

分离原理是把某一创新对象进行科学地分解和离散，使主要问题从复杂现象中暴露出来，从而理清创造者的思路，便于抓住主要矛盾。分离原理在发明创新过程中，提倡将事物打破并分解，它鼓励人们在发明创造过程中，冲破事物原有面貌的限制，将研究对象予以分离，创造出全新的概念和全新的产品（如隐形眼镜是眼镜架和镜片分离后的新产品）。

4. 还原原理

还原原理要求我们要善于透过现象看本质，在创新过程中，能回到设计对象的起点，抓住问题的原点，将最主要的功能抽取出来并集中精力研究其实现的手段和方法，以取得创新的最佳成果。任何发明和革新都有其创新的原点。

创新的原点是唯一的，寻根溯源找到创新原点，再从创新原点出发去寻找各种解决问题的途径，用新的思想、新的技术、新的方法重新创造该事物，从本源上解决问题，这就是还原原理的精髓所在。

5. 移植原理

这是把一个研究对象的概念、原理和方法运用于另一个研究对象并取得创新成果的创新原理。"他山之石，可以攻玉"就是该原理能动性的真实写照。移植原理的实质是借用已有的创新成果进行创新目标的再创造。创新活动中的移植，依据重点不同，可以是沿着不同物质层次的"纵向移植"，也可以是在同一物质层次内不同形态间的"横向移植"；还可以是把多种物质层次的概念、原理和方法综合引入同一创新领域中的"综合移植"。新的科学创造和新的技术发明层出不穷，其中，有许多创新是运用移植原理取得的。

6. 换元原理

换元原理是指创造者在创新过程中采用替换或交换的思想或手法，使创新活动内容不断展开、研究不断深入的原理。通常指在发明创新过程中，设计者可以有目的、有意义地去寻找替代物，如果能找到性能更好、价格更省的替代品，这本身就是一种创新。

7. 迂回原理

创新在很多情况下，会遇到许多暂时无法解决的问题。迂回原理鼓励人们开动脑筋、另辟蹊径。不妨暂停在某个难点上的僵持状态，转而进入下一步行动或进入另外的行动，带着创新活动中的这个未知数，继续探索创新问题，不要钻牛角尖、走死胡同。因为有时通过解决侧面问题或外围问题及后继问题，可能会使原来的未知问题迎刃而解。

8. 逆反原理

逆反原理首先要求人们敢于并善于打破头脑中常规思维模式的束缚，对已有的理论方法、科学技术、产品实物持怀疑态度，从相反的思维方向去分析、思索、探求新的发明创造。实际上，任何事物都有正、反两个方面，这两个方面同时相互依存于一个共同体中。人们在认识事物的过程中，习惯于从显而易见的正面去考虑问题，因而阻塞了自己的思路，如果能有意识、有目的地与传统思维方法"背道而驰"，即从反面去考虑问题，往往能得到极好的创新成果。

9. 强化原理

强化就是对创新对象进行精炼、压缩或聚焦，以获得创新成果。强化原理是指在创新活动中，通过各种强化手段，使创新对象提高质量、改善性能、延长寿命、增加用途，或使产品体积缩小、重量减轻、功能强化。

10. 群体原理

科学发展使创新越来越需要发挥群体智慧。早期的创新多是依靠个人的智慧和知识来完成的，但随着科学技术的进步，要想"单枪匹马、独闯天下"，去完成像人造卫星、宇宙飞船、空间试验室和海底实验室等大型高科技项目的开发设计工作，是不可能的。这就需要创造者们能够摆脱狭窄的专业知识范围的束缚，依靠群体智慧的力量、依靠科学技术的交叉渗透，使创新活动从个体劳动的圈子中解放出来，焕发出更大的活力。据美国朱克曼在《科学界的精英》一书中的统计，自 1901 年到 1972 年，共有 286 位诺贝尔奖金获得者，其中 185 人（即 2/3 的人）是与别人合作进行研究的。在诺贝尔奖金设立后的头 25 年，合作研究获奖人数占 41%，在第二个 25 年，这一比率达到 79%。

在创新活动中，创新原理是运用创造性思维分析问题和解决问题的出发点，也是人们使用何种创造方法、采用何种创造手段的凭据。因此，掌握创新原理，是人们能否取得创新成果的先决条件。但创新原理不是包治百病的"万应灵丹"，不能指望在浅涉创新原理之后就能对创新方法了如指掌并使用自如、就能解决创新的任何问题。只有在深入学习并深刻理解创造原理的基础上，人们才有可能有效地掌握创新方法，也才有可能成功地开展创新活动。

8.4 创新管理的实例

创新是人类社会发展的自觉和能源。如果没有创新，人类的发展会很缓慢，如果现代社会没有层出不穷的新工艺、新设备、新材料、新技术，人们的生活就不会如此丰富多彩。400 年前，英国哲学家弗朗西斯·培根曾说："凡不应用新良方者，必将遇到新的邪恶，因为时间是伟大的创新者"。

8.4.1 某公司技术创新管理项目的实例

1. 项目基本情况

对于高科技芯片设计公司，技术创新管理是公司管理的重中之重。多年来芯片行业的发展方向是：提高工艺、加快芯片速度、降低功耗、减少芯片面积、增加集成度。本公司拥有非常强的芯片研发技术力量，在竞争激烈的芯片设计市场，本公司的发展与经营遇到了前所未有的挑战，本项目旨在研究本公司的技术创新管理，帮助公司适应快速发展变化的市场，在技术创新中赢得市场。

本公司是一家从事消费电子芯片设计开发的企业，在显卡市场和针对电视机生产厂商的数字电视机芯片市场取得市场占有率领先的地位。

本项目从技术创新理论出发，结合公司的实际经验，综合运用技术创新管理理论、战略管理理论、研究开发管理理论、人力资源管理理论等知识，详细分析公司在技术管理、产品管理、项目管理、创新管理等方面存在的问题和缺点，提出了从宏观和全局出发，加强战略眼光、蓝海战略等措施。

技术创新是企业家抓住市场的潜在盈利机会，以获取商业利益为目的，重新组织生产条件和要素，建立效能更强、效率更高和费用更低的生产经营系统，图 8.4 给出了技术创新系统的基本要素与关系。

2. 创新管理

企业的技术创新活动需要组织的正确引导和管理，有效的、科学的管理工作不仅能保证技术创新的顺利完成，还能促进技术创新的发生，提高技术创新的质量，技术创新管理可以分为过程管理及要素管理。

美国创造性心理学家艾曼贝尔（T. M. Amabile）提出了创造力组成成分理论，将创造力结构分为有关领域的技能、有关创造性的技能、工作动机等 3 个要素，如图 8.5 所示。

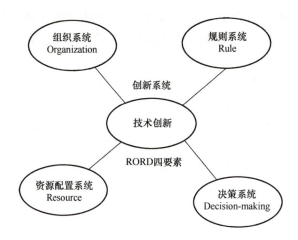

图 8.4　技术创新系统的基本要素与关系

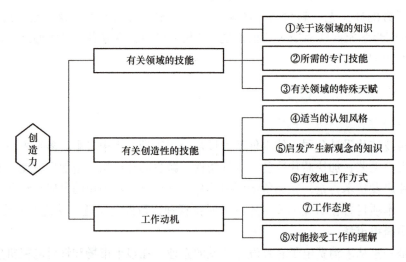

图 8.5　创造力组成成分理论

人类的创造思维需要灵感，而灵感是在长时间的思考中产生的，创造性的思考过程可以提炼成两大过程：信息加工过程和问题解决过程，如图 8.6 所示。最后，经过创造性的思考过程，创造者才能不可思议地得到超乎寻常的解决方案或具有创新意义的产品。

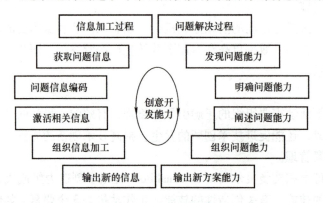

图 8.6　创造力结构模型

创造性思维是一种求新的、无序的、立体的思维，是人类思维的一种高级形式。技术创新很大程度上都会形成特定的技术创新项目，如根据技术和市场变化程度分类的技术创新项目，如图8.7所示。因此，技术创新项目管理对技术创新而言是非常重要和不可忽缺的。

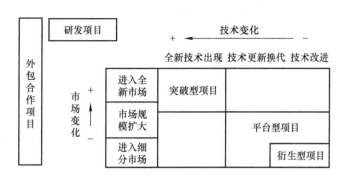

图8.7　根据技术和市场变化程度分类的技术创新项目

作为芯片设计公司，公司的全球研发部组织架构如图8.8所示，组织架构的设计与芯片技术所具有的独特研发流程管理的特性密不可分。

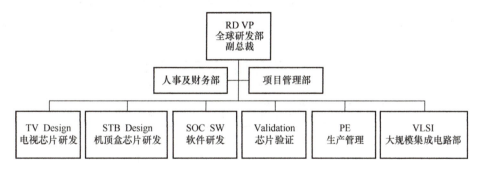

图8.8　全球研发部组织架构

第一代技术创新模型是一种技术推动型的线性模型，这种模型从技术的进步到新产品进行市场投放，从而获得利润；第二代技术创新模型又叫市场拉动的线性模型，从市场的相关需求到投放市场的一种模式；由于技术创新的动力源是多种的，应综合考虑各种因素，即第三代技术创新模式——技术推动与市场拉动综合模型，如图8.9所示。

本公司技术创新管理体制包括知识管理、知识管理模型的应用、创新组织安排、研发投入及研发部门分布等。公司依靠雄厚的技术力

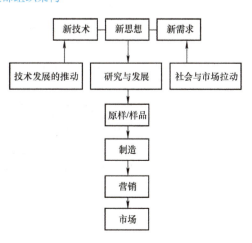

图8.9　技术推动与市场拉动综合模型

量及高效的技术创新管理，在市场中取得了值得骄傲的业绩，但目前存在很多问题，制约今后发展，包括缺乏专业芯片验证部门、产品流程管理需要加强、行政管理仍需变革、沟通渠道不完善、缺乏产品导向、软件研发有待加强、人力资源的作用有待加强等。

本项目通过研究提出了一系列措施，包括从宏观和全局出发、加强战略眼光、蓝海战略、现金为王、技术并购、矩阵式项目管理、良好的用户体验软件，以及与客户保持建设性关系等基于技术创新管理的策略，这些策略有利于改善公司的困难，帮助公司取得长期发展。

8.4.2 某公司产品技术创新管理问题及改进方案项目的实例

1. 项目基本情况

在科技发展的今天，科技与经济之间的相互渗透、相互作用越来越紧密，知识经济的兴起为企业发展带来很多机遇的同时也带来了众多挑战，迫切要求企业开展技术创新管理活动。本项目通过文献研究法、实地调研法及案例分析法，以创新管理和技术创新及技术创新动力论为理论基础，从技术管理组织架构、技术创新人力资源、技术创新项目管理及技术创新能力评价等方面研究了公司产品技术创新管理，旨在提高公司管理水平，为公司的战略发展服务。

本公司是一家独立运营、自负盈亏，从事产品研发和销售的地方民营企业，在市场竞争中，公司的产品技术创新管理存在很多问题，为了提高产品研发水平、开拓市场提高利润，公司需要一套科学有效的产品技术创新管理模式，推动公司未来的研发工作。

本项目采用理论与实际相结合的方法，挖掘隐藏问题，提出优化措施，本项目的技术路线图如图 8.10 所示。

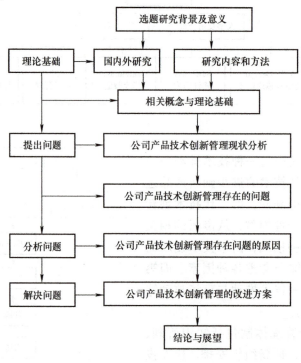

图 8.10　技术路线图

2. 创新管理

从技术创新的分类看，企业选择对原产品进行迭代或改进，以较小成本完成产品创新，缩短产品创新时间，及时运用新产品抢占市场，有效确保企业利益，这种方法对中小企业非常适用。

新产品并不一定指企业推出新型产品，也可以是对原有产品的改进和优化。按照新产品创新程序分类的产品类型见表 8.1。

表 8.1 按照新产品创新程序分类的产品类型

分类	概　念
全新产品	利用全新的技术和原理生产出来的产品
换代新产品	采用新技术、新结构、新方法或新材料在原有技术基础上有较大突破的新产品
改进新产品	在原有产品的技术和原理的基础上，采用相应的改进技术，使外观、性能有一定进步的新产品

由于企业规模有限，对于小企业的发展，新产品的选择也可以以区域或国内为目标，按照新产品所在地特征分类的产品类型见表 8.2。

表 8.2 按照新产品所在地特征分类的产品类型

分类	概　念
地区或企业新产品	在国内其他地区或企业已经生产，但该地区或该企业初次生产和销售的产品
国内新产品	在国外已经试制成功但国内尚属首次生产和销售的产品
国际新产品	在世界范围内首次研制成功并投入生产和销售的产品

企业的创新不能离开实际情况，以符合企业的发展阶段、资金规模的创新为考虑方向，技术创新的分类见表 8.3。

表 8.3 技术创新的分类

分类	概　念
模仿技术创新	一个企业通过学习其他企业，率先进行创新，为市场提供所需产品
自主技术创新	企业通过自身的努力和探索产生技术突破，攻破技术难关，并在此基础上依靠自身力量推动创新的后续环节，完成技术的商品化
合作技术创新	两个或两个以上企业或机构借助各自的技术力量合作实施的创新

企业在发展自己的技术创新计划时，要充分考虑技术创新的特点，做到客观冷静，不盲目跟进：

1) 战略性，技术创新工作的应用过程，是企业战略的一部分，对企业发展具有重要影响。

2) 综合性，技术创新过程中，将涉及企业的生产及制造和经营等诸多因素，不同因素造成的影响存在差异性，而技术创新工作需充分考虑各因素的实际影响，科学调整各大因素，保障创新效果。

3) 波动性。由于受诸多因素共同影响，技术创新工作存在较大波动，可能根据内外部环境因素的变化而做出调整。

4) 非程序性，创新决策过程具备非程序性，需要领导者具备根据市场变化及时做出调整的能力。

某公司在成立之初就十分注重产品的研发，新产品研发投入比例占全年营业收入的 5%～6%。总体来看，该公司在研发工作上的资金投入及人力资源投入已经不能支持该企业的研发工作。针对同行业中其他企业进行研究的过程中发现，其他企业在新产品研发过程中的投入比例比这家企业还小，说明其他企业对创新的忽视。图 8.11 给出了某公司技术管理流程图。

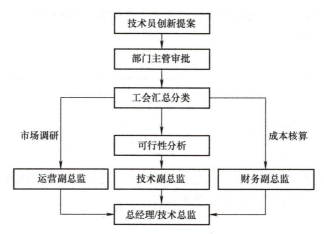

图 8.11　某公司技术管理流程图

本项目通过深入调查企业创新活动，并借鉴了国内外学者对企业创新能力构成要素的研究，对企业创新技术能力展开科学评价。在此基础上，提出了针对公司的产品技术创新能力评价指标体系，见表 8.4。

表 8.4　产品技术创新能力评价指标体系

目标	1 级指标	2 级指标
产品技术创新管理能力	创新投入能力	研发经费投入
		技术人员占比
		员工培训支出
	研究开发能力	研发人员素质
		技术获取能力
		研发项目管理
		研发设备水平
		知识产权保护
		研发技术水平
	生产制造能力	设备先进水平
		工艺技术水平
		工艺标准化水平
	创新管理能力	高层创新意识
		创新决策机制
		组织协调能力
		创新激励机制

本公司产品技术创新管理存在的问题：产品技术创新规划缺乏前瞻性、产品技术创新管理机制僵化、人才培养和引进机制不完善、企业文化推动技术创新作用不显著等。本项目提出了改进方案：制定清晰的产品技术创新战略（见图 8.12 的新产品战略模型示意图）、明确产品技术新战略实施的指导思想、产品技术创新战略实施步骤、优化技术创新决策机制、强化技术创新质量管控、加强技术创新成果保护、优化创新人才招聘、加快培养创新人才、完善创新人才激励机制、重视人才精神需求、培养员工创新理念等一整套措施。

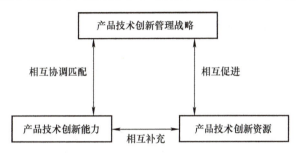

图 8.12　新产品战略模型示意图

习　　题

1. 简述创新的分类。
2. 简述创新的原理。
3. 论述创新管理对企业的重要性。
4. 英特尔公司开发的微处理器可以被归类于飞跃型产品创新，给出一个电子元器件工程的飞跃型产品创新的例子，分析讨论其对产品开发的意义。
5. 通过各种平台，查找电子元器件项目的创新管理的实例，运用本章知识分析总结，提出自己的看法。

第9章 电子元器件制造工程项目管理实例

道可道,非常道;名可名,非常名。

——老子(春秋时代)

我认识的最好的 CEO 是教师,他们教授的核心是战略。

——迈克尔·波特(Michael Porter)

工程项目管理是按照客观规律对工程项目全过程进行有效地计划、组织、控制、协调的系统管理活动,是一门实践性很强的课程。随着国内企业管理水平不断提升,项目管理的内涵也在不断丰富,管理水平不断提升。电子元器件对国民经济的各行各业都有至关重要的作用,尤其对高科技行业和企业尤为重要。进入新世纪以来,国内市场对电子元器件的需求与日俱增。但是,因为电子元器件产品研发投入大、周期长、技术难度高,作为复杂的系统工程,电子元器件工程不仅包括设计、制造、材料等技术方面,还有管理方面的多个目标内容(包括组织、进度、成本、质量等),国内电子元器件产业的发展还需要从各个方面加大前进和突破的步伐。

本章从电子元器件工程项目管理的真实案例入手,对项目管理的各个组成部分的实践操作进行详细讲解,包括电子陶瓷器件、集成电路新品研发、产品生产等项目的管理课题。本章是对前述各章的综合运用,要求掌握项目管理的综合实践能力、协调规划能力。

9.1 半导体器件制造工程管理实例

制造业是一个国家经济的原动力和发展支柱,是创造社会财富的物质基础。制造业企业的发展水平反映着一个国家的科技与工业实力,在很大程度上主导着工业的发展方向。提升国内制造业企业的国际竞争力,具有重大现实意义,是富国强民之本,是国家科技水平和综合实力的重要标志。

9.1.1 陶瓷插芯制造项目简介

1. 项目的提出

本项目属于光通信产业,生产的产品是作为光通信基石的各类高精度的陶瓷插芯。为了使本公司达到高品质、高精度陶瓷插芯的定量化和工业化生产,本项目以项目管理的理论为指导,对项目生命周期中的项目启动、项目计划、项目执行、项目控制及项目收尾等阶段在生产制造流程中存在的管理问题进行了研究,提出了有效的沟通管理、质量管理、创新管理等优化措施,使企业的生产状况有了显著提高。

第 9 章 电子元器件制造工程项目管理实例

光纤连接器是连接光纤的两个端面，是电子元器件的一种，它的作用是使发射光纤输出的光能量最大限度地耦合到接收光纤中。陶瓷插芯是光纤连接器的核心组成部分，是由纳米氧化锆材料经过一系列配方、加工等电子陶瓷工艺制备而成的高精度特种陶瓷产品。这种连接器是可拆卸的，使光通道的连接、转换调度更加灵活，可供光通信系统的调试与维护。

本公司是一家由中国科学院发起并引入日本资金和技术的高科技中日合资企业，其组织结构是传统职能型组织结构，如图 9.1 所示。本公司是主要从事高精度光通信器件的研究和生产的专业化单位，除了自主经营外，还承担着中国科学院所用光通信器件的制造和相关的科研任务，研究方面涉及先进光通信器件制造与精密光学检测等高技术领域。

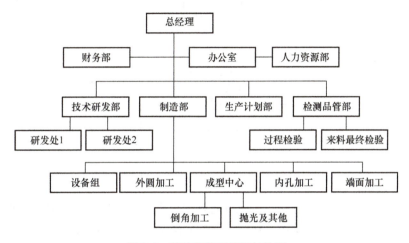

图 9.1 传统职能型组织结构图

光通信器件用陶瓷插芯制造技术在一些关键工序环节的定量化和信息化应用方面仍存在不足；在产品品质的批次稳定性上面存在一些缺陷，良品率不稳定，这些缺陷将影响企业生产整体效果的发挥。

2. 管理的现状与不足

从 20 世纪 80 年代到现在是项目管理学科发展的成熟阶段，除了实现进度、成本、质量三大目标外，同时也强调市场和竞争，引入了很多新的管理思想，项目管理的范围也在扩大，信息技术尤其是计算机技术、价值工程和行为科学相互渗透、相互发展，极大地丰富和改进了项目管理的内容。项目管理在项目的范围管理、时间管理、成本管理、质量管理、人力资源管理、风险管理、沟通管理、采购管理和综合管理等方面已经形成了专业化的理论和方法体系。

国内制造业企业普遍存在生产效率低、新产品开发周期长、质量不稳定、在市场上缺乏竞争力的问题，在企业的内部管理中也存在着诸多的问题。

9.1.2 实现过程的项目管理

1. 产品的定义

标准化国际组织 ISO 在《管理系统中过程方法的概念与应用》中给出了产品实现的过程，描述了产品的定义：产品实现包含需求分析、产品概念形成、功能定义、规格设计、产品设计、样机构成、过程设计、生产准备、生产制造、改型设计、配置管理、产品营销、产品服务、产品处置的全过程。产品实现过程示意图，如图9.2所示。

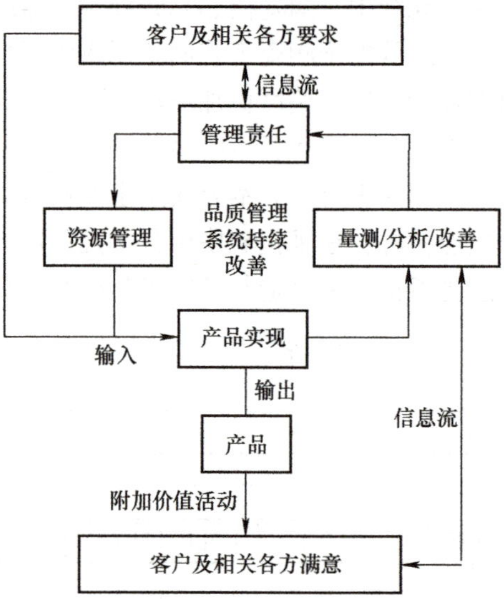

图 9.2　产品实现过程示意图

2. 本产品陶瓷插芯的工艺流程

对于没有成熟工艺的订单产品，企业首先要制定相应的工艺规程，然后才能投产。在光通信用陶瓷插芯的产品生产过程中，将产品研制阶段和产品生产阶段的部分重点工序的工作内容（包括技术分解、资源配置和跟踪控制等），在策划安排时进行叠加合并处理，即采取并行工作方式。达到节约时间，提早交付产品的目的。表9.1给出了陶瓷插芯的工艺流程和设备配置。

表 9.1　陶瓷插芯的工艺流程和设备配置

主要工艺流程	主要工艺、设备
来料检验	几何尺寸、材料缺陷等
端面加工	平面磨床
内孔加工	特制内孔钻孔机
外圆加工	粗、细外圆磨床
最终成型	倒角、球面成型机等
最终检验	产品规格、图样要求
清洗/包装出货	超声波清洗机、包装机等

3. 进度管理

进度计划是生产制造活动的前期工作，具体视生产的特点而定，要综合考虑各项活动的持续时间并对它们进行排序，主要目的是合理利用企业生产资源，确保产品按期交付，项目的进度计划示意图如图9.3所示。

项目的进度控制就是采取实时措施来监督和控制项目的进度，控制项目的各项活动进度按照项目进度计划表准时执行完成，针对实际出现的偏差及时采取措施加以纠正，项目的进度控制示意图如图9.4所示。

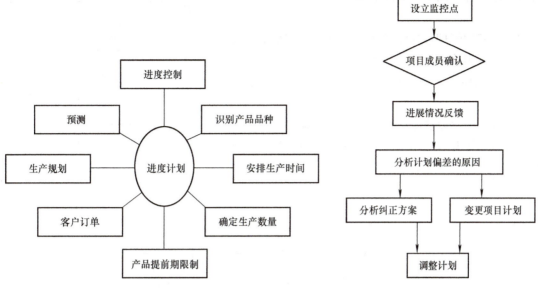

图9.3　项目的进度计划示意图　　　　图9.4　项目的进度控制示意图

4. 质量管理

项目质量管理过程包括保证项目满足原先规定的各项要求所需的执行组织的活动，即决定质量方针、目标与责任的所有活动（见表9.2 质量目标分解），以及项目主要负责人的质量职责。

表9.2　质量目标分解

岗位名称	质量职责	质量目标	工作依据
总经理	审批产品策划 签署评审意见 确认并配置过程产品测量和监视 当产品出现重大问题或顾客投诉时，组织协调改进	保证质量管理体系有效运行 保证光通信产品成品率 完成与质量有关的文件审批	年度工作计划 质量手册 程序文件 作业文件
项目经理	保证项目领域内的各项工作有计划进行 审批职责范围的各类文件	审批项目质量管理体系文件 与质量管理有关的文件审核 关键过程的有效控制	任务书 质量手册 程序文件
项目办负责人	编制年度工作计划 负责组织光通信器件陶瓷插芯的产品实现策划 项目管理	完成相关的质量记录 按生产任务要求及时组织产品实现策划 陶瓷插芯产品交付合格	年度工作计划 质量手册 任务书

5. 风险管理

针对于生产流程线项目风险管理，风险管理包括的主要活动有风险识别与分析、风险评

193

估、确定风险控制措施、风险控制与跟踪。项目经理负责风险管理。图 9.5 给出了风险管理流程图。

6. 经费管理

项目费用管理包括涉及费用规划、费用估算、费用预算、费用控制的过程，以便保证能在已经批准的预算内完成项目，图 9.6 给出了产品的费用控制示意图。

本项目借鉴以往生产任务实施的经验和教训，将项目管理思维有效应用于产品实现过程中，达到了预期目的，为陶瓷插芯制造企业开展类似工作提供了实践依据。

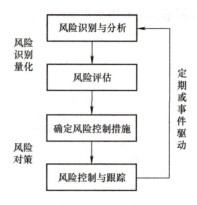

图 9.5 风险管理流程图

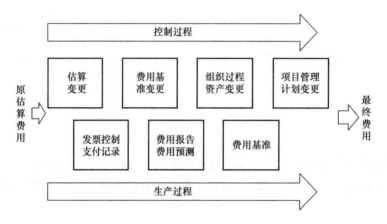

图 9.6 产品的费用控制示意图

9.2 集成电路工程产品开发实例

创新驱动发展是我国由制造大国转向制造强国的必然选择，企业是国家创新体系的主体，企业的技术创新是实现中国制造的核心动力。当原有产业追赶模式下的企业创新管理模式不能满足当前条件下的企业技术创新活动要求，需要基于业务需求对创新管理模式进行变革。

9.2.1 某公司新产品研发流程的创新研究项目简介

1. 项目的提出

本项目以本公司的新产品研发流程作为主要研究对象，运用创新管理和新产品开发管理相关理论和方法，对公司现有产品研发流程存在的问题进行归纳和分析，提出自主研发流程的需求、目标和设计原则，旨在提高公司产品创新能力。

本公司是国内知名的半导体公司，公司业务主要是采购各类半导体芯片，通过封装测试等工序制成半导体元器件产品并销售。在新的宏观环境下，原有的产品开发模式已难以适应自主研发芯片的新需求,为了支撑企业自主创新的发展战略,发展半导体芯片的研发能力,亟需一套适用于新业务模式的开发流程体系。

半导体芯片的设计和制造具有很强的技术性,项目进度的不确定性较高。作为生产型企业,本公司采用了职能制组织结构,如图9.7所示。没有成熟的项目管理体系,所谓的项目经理也不具备所需的半导体芯片研发背景。由研发人员作为项目负责人,搭配一套体系简单、可操作性强的产品开发流程,更能满足公司自主研发业务的需求。

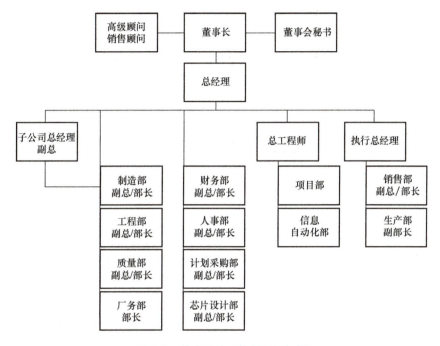

图9.7 某公司的职能制组织架构

2. 创新研究的问题

为了进一步谋划未来的发展前景,公司需要在原有基于外购芯片的新产品开发业务的基础上,培养自主研发芯片的核心能力,以满足目标市场对产品的更高要求。

本项目通过研究,将公司存在的问题归纳。公司当前流程存在的问题见表9.3。

表9.3 公司当前流程存在的问题

大类	问题归纳概述
项目管理	项目缺少总体负责人:团队、资源准备不全面
	项目策划缺乏项目目标、交付计划的定义
	流程缺乏灵活性:希望整合现有的多个流程
	跨部门沟通不充分:缺乏信息分发管理机制,保存信息不全
	未定义项目关键延期或状态更新时的客户沟通计划
	项目评价和监控不完善,缺少正式节点评审记录
	缺少问题责任人、完成期限和实际完成时间等信息
	缺乏风险的识别、分析和应对过程

(续)

大类	问题归纳概述
质量管理	缺少质量策划过程和认证目标，只有记录：质量认证要求缺乏针对性
	变更范围覆盖不充分，芯片端的变更未纳入变更控制手续，新设备的变更管理
	缺少明确定义：变更评估细节不具体，内容记录不完整
	变更遵照变更检查表，仅关注变更描述，但缺乏关键因子的评估
	缺少研发过程的变更管理手续，只有量产后的变更管理
	采购和供应商质量管理缺少结合，供应商质量管理手段仅关注质量体系的部分
	汽车级的需求没有传递到下级供应商
	缺少系统性的新供应商或新关键材料评估手续，主要依赖于对最终结果的评估
知识管理	文档管理不完善，项目文件零散，记录不完整
	缺少项目和资料的移交归档手续，缺少对经验教训的总结
绩效管理	部门绩效目标设定过于不恰当，未考虑对周边部门的影响和对整体绩效的达成

9.2.2 研发管理分析与改善措施

1. 新产品的概念

从企业角度看，产品创新是创造首次生产销售的产品的过程；从技术角度看，产品创新是采用一种或多种不同的原理、结构、功能或方式来创造产品的活动，表9.4给出了产品新颖性分类。

表 9.4 产品新颖性分类

对企业的新颖程度	对市场的新颖程度		
	低	中	高
高	新的产品线	—	新问世的产品
中	现有产品的改进	现有产品线的拓展	—
低	成本降低	重新定位	—

2. 研发管理体系

研发管理，狭义上是指对研发组织的工作进行管理，特别是新产品开发过程，研发管理体系如图9.8所示。

3. 半导体行业细分

根据产品应用特征，大致可将半导体产品分为5类，见表9.5。其中包含数字集成电路、模拟集成电路、光电器件、传感器、分立器件等，前两者统称集成电路；光电器件、传感器、分立器件等统称OSD（Optical、Sensor、Discrete）类产品。其中，集成电路市场占比83.2%以上，而OSD市场占比约16.8%，传感器市场占比约3.1%，分立器件市场占比约5.3%。

第 9 章 电子元器件制造工程项目管理实例

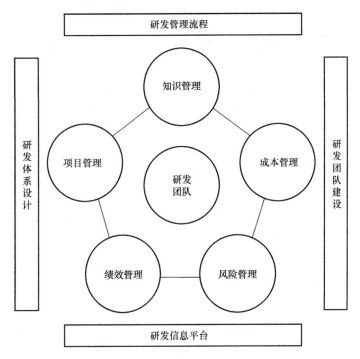

图 9.8 研发管理体系

表 9.5 半导体产品分类

类别	子类别	产品应用
集成电路 83.2%	数字集成电路	存储器：DRAM、SRAM、NOR、NAND、XOR、Flash；通用集成电路：CPU、GPU、SOC、MCU、DSP、FPGA
		专用集成电路：通信、图像处理、卷积神经网络
	模拟集成电路	通用模拟：比较器、放大器、数/模转换、接口芯片
		电源管理：驱动、稳压、基准源、充电管理、过压过流保护
光电器件 8.4%	—	照明、光电探测接收、光伏器件
传感器 3.1%	—	微机电系统：加速计、陀螺仪、光敏、声敏、压敏、温湿度探测
分立器件 5.3%	—	功率器件与模块：二极管、晶体管、MOS、IGBT、晶闸管及射频微波器件

4. 半导体产业链

半导体产业主要分为芯片设计、芯片制造和封装测试共 3 个部分，半导体产业链如图 9.9 所示。半导体产业链的行业特征对比见表 9.6。

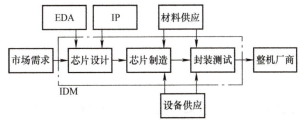

图 9.9 半导体产业链

197

表 9.6　半导体产业链的行业特征对比

行业特征	芯片设计	芯片制造	封装测试
资金投入	低到中	高	中
技术壁垒	高	中到高	中
附加值	高	低到中	低到中

5. 自研芯片业务特点

在现有业务中，外部采购来的芯片是已经开发完成的，或至少也是设计定型的芯片，后续的封装制样、产品测试、产品认证是相对标准化的。而自主研发业务模式的过程却是探索性的、实验性的，需要通过多轮次的实验流片来确定最优方案，具有显著的不确定性和迭代性。图9.10给出了某公司两类产品开发业务的价值链比较。

6. 创新措施的提出

新流程需要充分考虑新业务带来的并行性、不确定性、迭代性，来设计自主研发产品的流程执行框架。本项目的研究总体目标是通过创造新产品研发流程的创新，实现自研产品研发项目的有效管理，提高自研新产品研发项目的执行效率和效果，这个目标又可以分解为以下6个子目标：架构适应性、活动灵活性、资料完整性、使用便捷性、质量兼容性、实施一致性等。

本项目研究提出的公司产品研发框架和执行流程包括项目组织、里程碑或阶段的关口、项目分类和流程精简、项目评审要求、非预期标准等子系统。

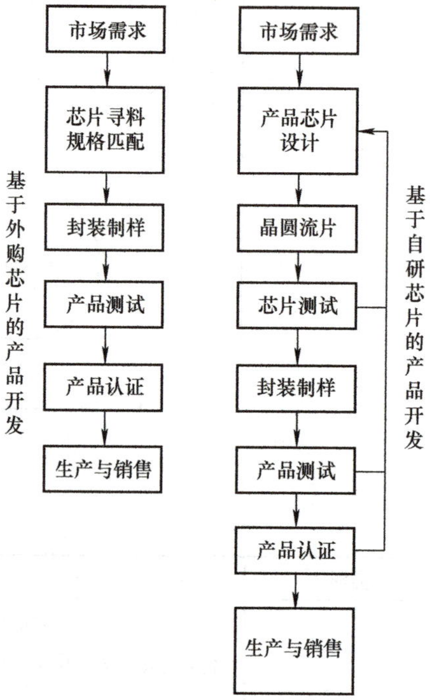

图 9.10　某公司两类产品开发业务的价值链比较

本项目对新产品研发的风险评估、沟通管理、技术报告等管理措施，提出了具体优化意见；对产品研发流程创新的保障和优化迭代有保障机制、改善组织级项目治理环境、建立人员资质要求和培训体系、建立恰当的项目绩效评价体系、建设企业文化、建立项目管理信息系统、建立产品管理系统、建立项目知识库、制作标准化的财务分析工具等。

本项目通过对组织治理环境、人员资质和培训体系、项目绩效评价体系、企业文化等4个方面的研究提出了保障优化措施，可以为半导体分立器件或其他类似产品为主的制造企业在增强产品创新能力管理课题中提供一定的借鉴意义。

9.3　芯片大厂生产管理实例

芯片的生产属于制造业，生产管理是制造业企业经营管理中重要的管理职能之一。生产管理围绕着产品的生产运营，通过规划设计、控制和维护改善等手段，不断提高产品在质量、成本、交付率方面的客户满意度,从而提升企业竞争力,并获得可持续发展。

9.3.1 某公司存储器生产线生产管理改进项目简介

1. 项目简介

本项目以某公司的存储器生产线为研究对象,对生产线的生产管理体系和生产流程等进行研究,提出了生产交付期优化措施、生产工艺流程优化、设备利用率优化等措施,旨在使公司存储器生产线达到降低成本、提高效率的目的。

本公司的总部是目前世界上最大的通用半导体芯片设计制造商,是 IT 产业链中的领先公司之一。本公司从生产逻辑的芯片战略转型到主攻存储的闪存存储器芯片生产线,存储器生产线刚成立,但取得了快速发展,是总公司在国内唯一的存储器生产基地。

处于建立初期的企业,存在生产组织、生产计划和生产控制过程管理粗放,以及经营决策不合理等缺点。要借鉴先进的生产和管理经验来提升制造管理水平,抓住当下国内存储器繁荣期的机遇,实现业务的可持续发展,实现企业和员工的价值。

2. 生产管理的问题

本项目发现和发掘生产管理中存在的问题及原因,包含生产周期长、运营效率低下、设备管理水平落后和产品质量瑕疵等问题。针对这些问题,本项目提出了研究思路,见表 9.7。

表 9.7 本项目的研究思路

问题	基本框架	具体内容
提出问题	绪论	—
	理论综述	生产管理的定义和发展
		精益生产管理介绍
	存储器生产线现状及面临的问题	某公司存储器生产线概况
		生产管理体系介绍
		生产管理面临的问题
分析问题	存储器生产线问题分析	生产管理面临的问题要因分析
解决问题	生产管理问题解决方案	生产规划管理改善
		生产运营效率改善
		设备管理改善
		品质管理改善
	解决方案保障措施	—
	结论和展望	—

9.3.2 生产线生产管理改进方案

1. 精益生产(Lean Production)模式

生产管理是指企业运用一套科学的生产管理体系、标准和管理方法,对位于生产现场的所有生产要素事务进行科学规划、组织、协调和合理有效地控制,以达到最佳的生产产出,最终实现低成本、少浪费、优质、环保、安全生产的经营管理目标。表9.8给出了生产管理的发展历程。

表9.8 生产管理的发展历程

效率类型	时间	代表人物或企业	内容	特点	理论
点效率	19世纪末	泰勒	功能性管理，资料管理，激励工资，提高工人工作效率	关注每个生产点的效率	多比率日薪制
线效率	20世纪40年代	福特汽车	流水线生产，提高整个流水线的生产率	关注多点线性效率	标准化，简单化，专门化
面效率	20世纪60年代	丰田汽车	大规模定制，提高多品种、系列化流水线生产率	在线性基础上加上多品种形成对生产面的管理	精益管理，JIT，全面质量管理
体效率	21世纪初	苹果公司	供应链管理，提升多个具有供求关系企业之间所形成的体效率	关注各个企业间形成的体系效率	价值链分析，信息共享，流程再造，敏捷制造

注：JIT（Just In Time，准时制生产方式），又称无库存生产方式（Stockless Production），零库存（Zero Inventories）。

精益生产是一种以客户需求为拉动，以消除浪费和不断改善为核心，使企业以最少的投入获取成本和运作效益显著改善的一种全新的生产管理模式。通过系统结构、人员组织、运行方式和市场供求等方面的变革，使生产系统能很快适应用户需求的不断变化，并能使生产过程中一切无用、多余的东西被精简，最终达到包括市场供销在内的生产的各方面最好结果的一种生产管理方式。图9.11给出了精益生产五项原则理论框架图。

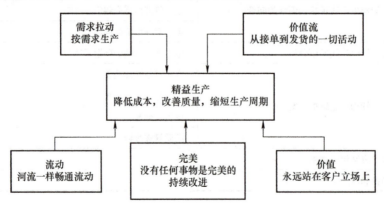

图9.11 精益生产五项原则理论框架图

2. 精益生产管理的四大目标

从运营角度来看，精益生产管理主要聚焦于4个目标：Q（质量），C（成本），D（交付），S（安全）。精益生产管理目标图如图9.12所示。

第 9 章　电子元器件制造工程项目管理实例

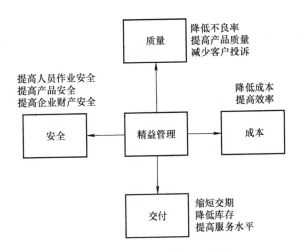

图 9.12　精益生产管理目标图

客户需求的变化趋势迫使供应商不断提高其服务水平，客户需求图如图 9.13 所示。精益生产管理对于适应客户需求的这种变化趋势至关重要。

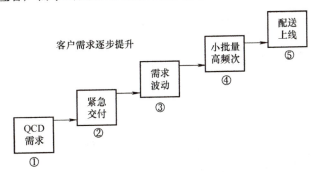

图 9.13　客户需求图

3. 存储器生产线组织架构

本公司存储器生产线现拥有 3000 多人，其组织架构如图 9.14 所示。

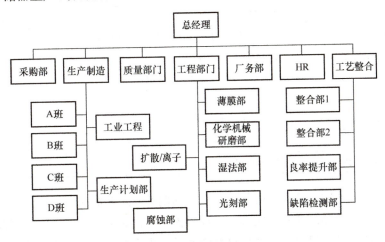

图 9.14　某公司存储器生产线组织架构

4. 存储器生产流程介绍

存储器芯片的元器件尺寸处于纳米级,其生产环境需要温度恒定、湿度高度洁净的室内环境内,其生产制造流程图如图 9.15 所示。

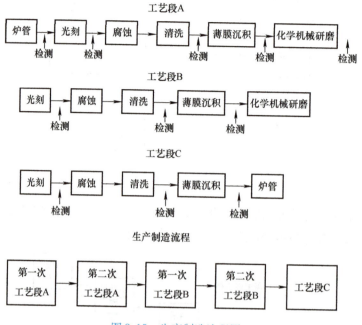

图 9.15 生产制造流程图

5. 存储器生产线生产管理体系

对于半导体行业来说,生产管理体系主要体现在生产计划、生产现场、生产设备、安全生产等方面,生产计划尤为重要。生产管理体系列表见表 9.9。

表 9.9 生产管理体系列表

类别	会议名称	参与人员	频次
生产管理类会议	生产会议	厂长、部门经理	每天早晚两次
	交接会议	部门经理及工程师	每天早上
	产能沟通会	制造部经理、生产计划经理、工程部代表	每周一次
	机台综合效率讨论会	制造部经理、工程部设备科长、工艺科长	每周一次
	生产改善小组	制造部科长、工程部科长或相关人员	不定期
质量类会议	质量会议	厂长、部门经理、质量代表	每周一次
	良率会议	厂长、工程部经理、工艺整合、良率提升部经理	每周两次
	部门质量会议	部门经理、质量代表、相关工程师	每周一次
	良率改善小组	整合部科长、工程部科长或相关人员	不定期

本企业存储器生产线生产面临的问题:生产周期长导致利润波动、生产效率低下、生产设备综合效率低下、产品品质不稳定等。本项目提出了存储器生产线生产管理改进方案:存储器生产线管理改善整体思路、生产信息系统改进、生产规划改善提高、改进运输路径、复

盘分析法提高人员效率、生产工艺流程的改进、现场管理优化、看板和可视化管理的改进、标准化的推行、利用企业文化提高设备问题解决效率、实行联合点检保障设备利用率、贯彻维修计划落实、推进设备信息化系统建设、提高员工质量意识、检验标准化推行和执行等一套完整的项目管理手段。

本项目基于精益生产管理的理念和原则，结合公司的发展状况，通过生产线管理方法，提高和优化了交付周期长的问题，提高了生产线的运营效率，解决了设备利用率问题，提高了员工质量意识，提高本公司存储器生产线的竞争力和盈利能力，最终实现综合竞争力提高的目的，并对完善和推广生产管理体系在微电子行业的应用产生一定的借鉴意义。

习　题

1. 通过各种平台，查阅有关电子元器件工程项目的实例，运用本书所学内容，综合分析项目管理的各个方面，提出自己的看法。

2. 谈谈您对电子元器件工程创新思想的理解，通过查阅资料，分析电子元器件的发展方向，也可以就其中的某一类器件进行分析，也可以分析某一项技术发展趋势。（论文形式）

3. 通过查找资料，用企业或项目的具体实例，谈谈您对经济管理学科中工程项目管理理论的理解，可以不仅限于本专业工程。（论文形式）

参 考 文 献

[1] 韩万江,姜立新. 软件项目管理案例教程[M]. 4版. 北京:机械工业出版社,2019.
[2] 丁士昭. 工程项目管理[M]. 2版. 北京:中国建筑工业出版社,2014.
[3] 王卓甫. 工程项目管理:原理与案例[M]. 4版. 北京:中国水利水电出版社,2021.
[4] 刘晓丽. 建筑工程项目管理[M]. 3版. 北京:北京理工大学出版社,2022.
[5] 齐宝库. 工程项目管理[M]. 5版. 大连:大连理工大学出版社,2017.
[6] 张明. 浸没光刻机浸液流场密封气体温控技术研究[D]. 武汉:华中科技大学,2017.
[7] 马春笛. A企业新车型开发项目进度计划与控制研究[D]. 长春:东北大学,2017.
[8] 徐一龙. 歌尔公司MEMS项目进度计划与控制研究[D]. 哈尔滨:哈尔滨工程大学,2015.
[9] 邱陵. T公司新建液晶面板生产线项目进度管理研究[D]. 厦门:厦门大学,2018.
[10] 王琳. Z公司TOF研发项目进度计划与控制研究[D]. 长春:吉林大学,2012.
[11] 门钰林. A半导体公司真空系统设备质量管理研究[D]. 大连:大连理工大学,2022.
[12] 崔帼艳. C研究所电子元器件国产化项目的质量管理研究[D]. 南京:东南大学,2019.
[13] 王俊霞. K公司芯片验证项目管理研究[D]. 北京:北京交通大学,2022.
[14] 王靖. A芯片开发项目技术风险管理研究[D]. 兰州:兰州交通大学,2022.
[15] 王雄伟. NTC温度传感器芯片直焊技术引进项目风险管理研究[D]. 杭州:浙江工业大学,2017.
[16] 杨小愚. C芯片公司招聘管理优化研究[D]. 上海:华东师范大学,2021.
[17] 高宏璟. G公司认证项目沟通管理研究[D]. 北京:北京邮电大学,2019.
[18] 李浪. T公司技术创新管理研究[D]. 上海:上海交通大学,2011.
[19] 曹祖鸣. YL公司产品技术创新管理问题及改进方案研究[D]. 扬州:扬州大学,2022.
[20] 王丽. A公司技术创新管理体系研究[D]. 绵阳:西南科技大学,2021.
[21] 张勤丰. 项目管理在陶瓷插芯制造项目中的应用[D]. 上海:上海交通大学,2010.
[22] 胥超. L公司新产品研发流程的创新研究[D]. 成都:电子科技大学,2022.
[23] 林华堂. I公司存储器生产线生产管理改进研究[D]. 大连:大连理工大学,2022.